现代生命科学实验系列丛书

丛书主编　杨永华　杨荣武

基因工程实验

Annexin Ⅴ-EGFP 重组蛋白质的克隆表达与检测

殷　武　主编

科学出版社

北　京

内 容 简 介

基因工程是一门实用性很强的学科,涉及生命科学的多学科领域。本书以用于检测细胞凋亡的 Annexin V-EGFP 为例,系统介绍了从基因克隆、蛋白质表达纯化、蛋白质功能检测到最后应用方面的实验方法。

本书适用于初步接触基因工程实验的高年级本科生,或从事相关研究的科研人员。

图书在版编目(CIP)数据

基因工程实验：Annexin V-EGFP 重组蛋白质的克隆表达与检测/殷武主编. —北京：科学出版社,2013.6
(现代生命科学实验系列丛书/杨永华,杨荣武主编)
ISBN 978-7-03-037804-0

Ⅰ.①基…　Ⅱ.①殷…　Ⅲ.①基因工程-实验-高等学校-教材　Ⅳ.
①Q78-33

中国版本图书馆 CIP 数据核字(2013)第 126009 号

责任编辑：顾晋饴　张　鑫 / 责任校对：张怡君
责任印制：赵德静 / 封面设计：许　瑞

科 学 出 版 社 出版
北京东黄城根北街 16 号
邮政编码：100717
http://www.sciencep.com
双青印刷厂印刷
科学出版社发行　各地新华书店经销

＊

2013 年 6 月第 一 版　开本：787×1092　1/16
2014 年 6 月第二次印刷　印张：7
字数：170 000

定价：29.00 元
(如有印装质量问题,我社负责调换)

《基因工程实验》编委会

主　编　殷　武

编　委　华子春　黄启来　曹　丹　陈　蔚

　　　　张　晶　张远莉　李　俊　仲昭朝

　　　　庄　重　高倩倩　庄苏星　彭士明

　　　　康铁宝

丛 书 序

20世纪后半叶是生命科学迅猛发展的时代,尤其是最后20年,其发展速度之快更加令人瞩目。基因治疗方法已经开始挽救患者的生命,动物克隆技术不断取得重大突破,利用基因工程技术生产新药和新型生化产品、培育农作物新品种业已成为相关产业发展的重要支撑技术,如此等等,人类数千年来的梦想正随着生命科学发展逐一实现。随着物理学世纪让位于生命科学世纪,世界还将会有更多的奇迹出现。可以预计,在本世纪,生命科学将成为自然科学的带头学科之一。

众所周知,始于1990年的人类基因组计划,动用了美、欧、亚多国的数百名科学家,计划耗资30亿美元,最终目标是绘制出人体10万个基因的图谱,揭开30亿个碱基对的密码,弄清全部基因的位置、结构和功能。这项工程为揭开有关人体生长、发育、衰老、患病和死亡的秘密,为最终帮助人类攻克诸如癌症、艾滋病、肝炎、肺结核、阿尔茨海默病等许多传统医学无法解决的难题,提供了十分有益的途径和可选择的方法。目前,各个种类的生物基因组计划、蛋白组学、代谢组学等"组学"计划如雨后春笋,层出不穷,方兴未艾,大量的新型生命科学仪器设备、实验技术不断得到发展和发明。时代的发展使人们越来越清楚地意识到,现代生命科学的探索不仅需要系统的理论知识武装,而且作为实验科学范畴的生命科学更需要比较完善的有关实验操作的系统性训练和实践,从而为科技工作者的科研创新打下坚实的基础。

南京大学的生命科学实验教学改革与发展一直走在全国高校的前列,特别是在南京大学生命科学实验教学中心成为国家级实验教学示范中心以后,始终按照"宽口径、厚基础、高素质、重创新"的原则,改善实验课程体系,更新实验教学内容,重视并加强学生思维和操作技能的训练,力争将学生培育成既具见识宽广的基础知识和生命科学核心知识,又有一定的生命科学专业技能的高级人才。通过这几年的教学实践,他们已积累和沉淀出相当多的经验和成果,这些经验和成果迫切需要总结,并以教材的形式出版,从而让兄弟院校的师生能够分享,同时在互动教学实践中获取宝贵的意见,以便不断改进现代生命科学的实验教学。我很高兴该丛书作为现代生命科学实验教学系列教材得以在科学出版社出版。这套丛书的出版完全顺应了当今生命科学从微观到宏观,从结构到功能,交叉与整合的发展趋势,是以杨永华教授、杨荣武教授为团队带头人的各位作者们多年来从事该项工作的心得并加以不断总结的产物,也是他们所倡导的"系统性整合生命科学教学与实验体系"在大学生物学教学与改革方面的具体实践结果。

该丛书所倡导并实践的实验教学体系,总体上是一套守正创新的体系。围绕该课程体系,分层次、分模块,系统设置了生命科学实验课程,重组了本科实验教学的基本内容,加强开放式、综合性、研究型实验,深化基础生物学技术训练、中级生物学技术训练、综合性技能与研究性实验训练。在新编的系列丛书中尤其注意去除一些过时的实验技术,将过去实验教学过程中的单一技能训练转化为综合实验技能训练,在实验课程体系和内容的设置方面以系统综合大实验为核心并以科学研究思路为线索设计系列教学实验，让学生在实验课程中体验科研的过程，使学生从整体上了解进行生物科学研究的思路和方法，培养学生正确的科研思维能力和综合素质。

　　我相信该丛书的出版将十分有助于提升我国高校生物学专业大学生及部分重点高中学生的科学意识、学习兴趣和创新能力，对大中学生未来的成长和国家培养创新型人才具有积极的意义。期待全国的大中学生们努力开拓视野、相互学习、共同进步，使自己的生命科学知识和生物科研水平达到一个新的高度。

中国工程院院士
中国生物工程学会理事长
江苏省科学技术协会主席
2012 年 7 月 30 日

丛 书 前 言

培养大学生的创新实践能力已成为当前我国高等教育教学改革的核心目标之一，也是促进我国高等教育可持续发展的永恒动力。21世纪被誉为生命科学的世纪，在已过去的十多年里，我们已经领略了生命科学日新月异的发展态势。作为一门实验性很强的学科，生命科学的发展显然离开不了实验教学的发展和进步。让学生拥有一套与时俱进的基于创新理念的生命科学实验教材，对于保证实验教学的质量，特别是提高学生将来在生命科学研究中的动手能力和创新能力至关重要。在高校，创新的源头在实验室。但实验室提供的不只是单纯的实验仪器，更重要的是丰富、先进的实验项目和内容。

这套现代生命科学实验系列丛书就是在这样浓烈的时代、使命和责任感的背景下编写完成的。"十一五"期间，在教育部及学校有关部门的大力支持下，南京大学国家级生命科学实验教学示范中心提出并建立了"系统性整合生命科学教学与实验体系"，通过数年的实施和完善，中心已取得了一批有特色的教学研究心得和成果。为便于全国兄弟高校之间的相互交流，提高生物学实验教学水平，在科学出版社的积极关心下，本中心精心组织了一批长期奋战在实验教学一线的专家和教师，编写了这套实验丛书。这套丛书将覆盖生命科学的诸多学科，以结构和功能为主线，涵盖从微生物、植物到动物、人类对象，从分子、细胞到个体、群体层次等多个方面，先行出版的有高级生物化学实验、生化分析技术实验、实用细胞生物学实验、遗传学实验、基因工程实验、植物科学实验等。每一分册的内容先从各门课程的基本技能训练入手，以培养学生掌握基本的研究手段，强化提高其综合运用，最后能独立完成创新课题为主线，包括基础实验、综合实验和创新实验。其中的创新实验部分，既包含在新的条件下再现大科学家经典实验的项目，又有与生活实际相联系的实验项目。书中涉及的主要实验原理和技术方法被直接融入到具体的实验之中，这样既便于学生掌握，又避免了理论与实际相脱离的弊端。

本丛书的编写风格简明、实用，编写中特别突出实验的综合性和创新性。在编写过程中，去除了一些过时的实验技术，将过去实验教学过程中的单一技能训练转化为综合实验技能训练，在实验课程体系和内容的设置方面以系统综合大实验为核心并以科学研究思路为线索设计系列教学实验，让学生在实验课程中体验科研的过程，使学生从整体上了解生命科学研究的思路和方法，培养学生正确的科研思维能力和综合素质。

最后，我们要特别提及的是，全国兄弟院校的一些专家、学者，南京大学生命科学学院及其国家级生命科学实验教学示范中心的同事，全国部分重点高中生物老师、生物竞赛教练员，通过多种途径和方式，给予了我们有力的支持和帮助，在此一并表示衷心的感谢。

　　由于时间仓促，书中难免有疏漏和不当之处，希望读者在使用过程中能提出批评和建议并反馈编者，以使本丛书日臻完善。

丛书主编

国家级生命科学实验教学示范中心

南京大学生命科学学院

2012 年 7 月 25 日

目　　录

第二章　Annexin Ⅴ-EGFP 质粒的扩增与提取

第三章　Annexin Ⅴ-EGFP 基因的表达与纯化

第四章　Annexin V-EGFP 重组蛋白质的应用检测

附　　录

第一章 Annexin V-EGFP 基因克隆与表达载体构建

实验 1　Annexin Ⅴ 表达序列检索

1. 实验目的

学会使用 Pubmed 操作界面从 Genebank 中获取 Annexin Ⅴ mRNA 序列，并利用 DNAman[①] 等软件对其 mRNA 序列进行分析，获取 cDNA 序列，利用引物设计软件设计扩增该 cDNA 的 PCR 引物。

2. 实验原理

Annexins 是一类结构与功能非常相似的蛋白家族，到目前为止，已经发现该家族至少包含 13 种蛋白质，其相应结构也已经解析。Annexins 家族蛋白通常含有 4 个同源重复氨基酸序列，每个同源序列约 70 个氨基酸，此外，该家族蛋白还包含 1 个特征性的高度保守的钙离子与磷脂结合域。虽然 Annexins 蛋白高度同源，但其蛋白质 N 端的长度和序列变异较大（11～196 个氨基酸不等），是发生多种蛋白质翻译后修饰的主要区域。

第一个三维结构被解析的 Annexins 家族蛋白是人 Annexin Ⅴ（1990 年），其结构如图 1-1 所示。根据圆二定律，Annexin Ⅴ 结构几乎全部由 α 螺旋构成，这些螺旋结构

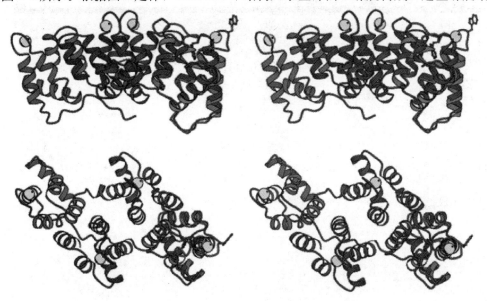

图 1-1　Annexin Ⅴ 蛋白质结构示意图

---

① DNAman（5.2.2）是由 Lynnon Biosoft 公司开发的 DNA 分析软件，该软件功能较强，能进行日常的 DNA 序列、蛋白质序列分析等。

根据同源性分别折叠成 4 个结构紧密的结构域（Ⅰ、Ⅱ、Ⅲ、Ⅳ）。每个结构域包含 5 个 α 螺旋，相互缠绕形成不多于 2 个转向的超螺旋结构。每个结构域中 4 个 α 螺旋呈同方向或反方向平行分布，另外 1 个 α 螺旋呈垂直分布。结构域Ⅰ、Ⅱ、Ⅲ、Ⅳ依靠短肽相互联结。这 4 个结构域几乎呈环形排列，使该分子呈现局部凹凸的形状。钙离子通常结合于该蛋白质的凸面，而蛋白质 N 端或 C 端通常分布于相反的凹面。

Annexin Ⅴ 基因编码的蛋白质是 Annexin 家族蛋白之一，该蛋白质是钙依赖型磷脂结合蛋白，其中有些成员参与细胞膜相关的内吞与外排途径。Annexin Ⅴ 是磷脂酶 A2 与蛋白激酶 C 抑制蛋白，具有钙通道活性与细胞信号传导作用，在炎症、生长与分化过程中发挥重要作用。Annexin Ⅴ 也被称为胎盘抗凝蛋白Ⅰ、抗血栓素 α、内连素Ⅱ、脂皮质素Ⅴ、胎盘蛋白 4、锚连蛋白 CⅡ。该基因长 29kb，包含 13 个外显子，编码一约 1.6kb 长的单转录本，分子质量约 35kDa。

3. 实验方法与结果

在 Internet explorer 地址栏中输入 www.pubmed.com 网址，出现 NCBI 数据库检索界面，在 Search 的下拉式菜单中选择 "nucleotide" 选项，然后在下面的输入框中输入需要检索的基因名称，如 homo sapiens Annexin Ⅴ mRNA CDS。结果如图 1-2 所示。

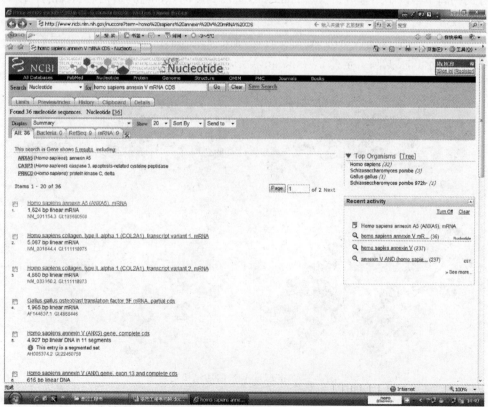

图 1-2　利用 Pubmed 检索人 Annexin Ⅴ mRNA 的结果

　　检索结果将显示与 homo sapiens Annexin Ⅴ mRNA CDS 相近的若干序列（图 1-3），其中第一条为 NM_001154.3，1624bp，linear mRNA，homo sapiens Annexin A5（ANXA5）mRNA，Annexin A5 为 Annexin Ⅴ 的别名。

图 1-3　GeneBank 上公布的人 Annexin Ⅴ mRNA 序列

　　打开该链接后，出现 Annexin Ⅴ 简介、序列以及相关的文献引用。

Summary：The protein encoded by this gene belongs to the annexin family of calcium-dependent phospholipid binding proteins some of which have been implicated in membrane-related events along exocytotic and endocytotic pathways. Annexin Ⅴ is a phospholipase A2 and protein kinase C inhibitory protein with calcium channel activity and a potential role in cellular signal transduction，inflammation，growth and differentiation. Annexin Ⅴ has also been described as placental anticoagulant protein Ⅰ，vascular anticoagulant-alpha，endonexin Ⅱ，lipocortin Ⅴ，placental protein 4 and anchorin CⅡ. The gene spans 29kb containing 13 exons，and encodes a single transcript of approximately 1.6kb and a protein product with a molecular weight of about 35kDa.

　　Annexin Ⅴ 的完整氨基酸序列为：

translation= "MAQVLRGTVTDFPGFDERADAETLRKAMKGLGTDEESILTLLTSR
SNAQRQEISAAFKTLFGRDLLDDLKSELTGKFEKLIVALMKPSRLYDAYELKHAL

KGAGTNEKVLTEIIASRTPEELRAIKQVYEEEYGSSLEDDVVGDTSGYYQRMLVV
LLQANRDPDAGIDEAQVEQDAQALFQAGELKWGTDEEKFITIFGTRSVSHLRKVF
DKYMTISGFQIEETIDRETSGNLEQLLLAVVKSIRSIPAYLAETLYYAMKGAGTDD
HTLIRVMVSRSEIDLFNIRKEFRKNFATSLYSMIKGDTSGDYKKALLLLCGEDD"

Annexin V mRNA 全长序列为：

1	gttgcttgga	tcagtctagg	tgcagctgcc	ggatccttca	gcgtctgcat	ctcggcgtcg
61	ccccgcgtac	cgtcgcccgg	ctctccgccg	ctctcccggg	gtttcggggc	acttgggtcc
121	cacagtctgg	tcctgcttca	ccttcccctg	acctgagtag	tcgccatggc	acaggttctc
181	agaggcactg	tgactgactt	ccctggattt	gatgagcggg	ctgatgcaga	aactcttcgg
241	aaggctatga	aaggcttggg	cacagatgag	gagagcatcc	tgactctgtt	gacatcccga
301	agtaatgctc	agcgccagga	aatctctgca	gcttttaaga	ctctgtttgg	cagggatctt
361	ctggatgacc	tgaaatcaga	actaactgga	aaatttgaaa	aattaattgt	ggctctgatg
421	aaaccctctc	ggctttatga	tgcttatgaa	ctgaaacatg	ccttgaaggg	agctggaaca
481	aatgaaaaag	tactgacaga	aattattgct	tcaaggacac	ctgaagaact	gagagccatc
541	aaacaagttt	atgaagaaga	atatggctca	agcctggaag	atgacgtggt	gggggacact
601	tcaggggtact	accagcggat	gttggtggtt	ctccttcagg	ctaacagaga	ccctgatgct
661	ggaattgatg	aagctcaagt	tgaacaagat	gctcaggctt	tatttcaggc	tggagaactt
721	aaatgggggа	cagatgaaga	aaagtttatc	accatctttg	gaacacgaag	tgtgtctcat
781	ttgagaaagg	tgtttgacaa	gtacatgact	atatcaggat	ttcaaattga	ggaaaccatt
841	gaccgcgaga	cttctggcaa	tttagagcaa	ctactccttg	ctgttgtgaa	atctattcga
901	agtatacctg	cctaccttgc	agagaccctc	tattatgcta	tgaagggagc	tgggacagat
961	gatcataccc	tcatcagagt	catggtttcc	aggagtgaga	ttgatctgtt	taacatcagg
1021	aaggagttta	ggaagaattt	tgccacctct	ctttattcca	tgattaaggg	agatacatct
1081	ggggactata	agaaagctct	tctgctgctc	tgtggagaag	atgactaacg	tgtcacgggg
1141	aagagctccc	tgctgtgtgc	ctgcaccacc	ccactgcctt	ccttcagcac	ctttagctgc
1201	atttgtatgc	cagtgcttaa	cacattgcct	tattcatact	agcatgctca	tgaccaacac
1261	atacacgtca	tagaagaaaa	tagtggtgct	tctttctgat	ctctagtgga	gatctctttg
1321	actgctgtag	tactaaagtg	tacttaatgt	tactaagttt	aatgcctggc	cattttccat
1381	ttatatatat	tttttaagag	gctagagtgc	ttttagcctt	ttttaaaaac	tccatttata
1441	ttacatttgt	aaccatgata	ctttaatcag	aagcttagcc	ttgaaattgt	gaactcttgg
1501	aaatgttatt	agtgaagttc	gcaactaaac	taaacctgta	aaattatgat	gattgtattc
1561	aaaagattaa	tgaaaaataa	acatttctgt	cccctgaaa	aaaaaaaaa	aaaaaaaaaa
1621	aaaa					

将该序列输入 DNAman 中进行序列分析，结果如图 1-4 所示。

获取最长的 cDNA（第一段）的 mRNA 序列。

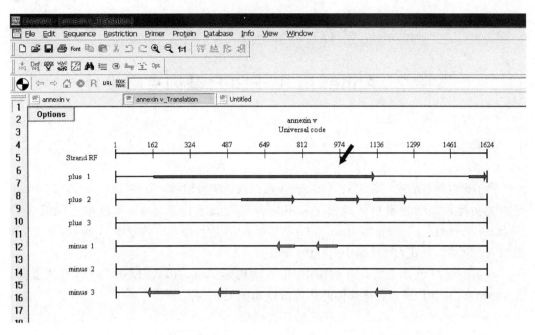

图 1-4　DNAman 软件分析 Annxein Ⅴ mRNA 序列的结果

ATGGCACAGGTTCTCAGAGGCACTGTGACTGACTTCCCTGGATTTGATGA
GCGGGCTGATGCAGAAACTCTTCGGAAGGCTATGAAAGGCTTGGGCACAGAT
GAGGAGAGCATCCTGACTCTGTTGACATCCCGAAGTAATGCTCAGCGCCAGGA
AATCTCTGCAGCTTTTAAGACTCTGTTTGGCAGGGATCTTCTGGATGACCTGA
AATCAGAACTAACTGGAAAATTTGAAAAATTAATTGTGGCTCTGATGAAACC
CTCTCGGCTTTATGATGCTTATGAACTGAAACATGCCTTGAAGGGAGCTGGAA
CAAATGAAAAAGTACTGACAGAAATTATTGCTTCAAGGACACCTGAAGAACT
GAGAGCCATCAAACAAGTTTATGAAGAAGAATATGGCTCAAGCCTGGAAGAT
GACGTGGTGGGGGACACTTCAGGGTACTACCAGCGGATGTTGGTGGTTCTCCT
TCAGGCTAACAGAGACCCTGATGCTGGAATTGATGAAGCTCAAGTTGAACAA
GATGCTCAGGCTTTATTTCAGGCTGGAGAACTTAAATGGGGGACAGATGAAG
AAAAGTTTATCACCATCTTTGGAACACGAAGTGTGTCTCATTTGAGAAAGGT
GTTTGACAAGTACATGACTATATCAGGATTTCAAATTGAGGAAACCATTGAC
CAGACTTCTGGCAATTTAGAGCAACTACTCCTTGCTGTTGTGAAATCGCGTAT
TCGAAGTATACCTGCCTACCTTGCAGAGACCCTCTATTATGCTATGAAGGGAG
CTGGGACAGATGATCATACCCTCATCAGAGTCATGGTTTCCAGGAGTGAGATT
GATCTGTTTAACATCAGGAAGGAGTTTAGGAAGAATTTTGCCACCTCTCTTT
ATTCCATGATTAAGGGAGATACATCTGGGGACTATAAGAAAGCTCTTCTGCT
GCTCTGTGGAGAAGA**TGA**

实验 2　Annexin Ⅴ-EGFP 基因克隆设计

1. 实验目的

　　为了更好地在后期工作中对 Annexin Ⅴ 蛋白表达进行检测，并将 Annexin Ⅴ-EGFP 用于相关实验，如细胞凋亡的检测，采用分子克隆技术将 Annexin Ⅴ 与绿色荧光蛋白 (enhanced green fluorescent protein，EGFP) 的 cDNA 进行融合，构建出 Annexin Ⅴ-EGFP 融合表达载体，并在大肠杆菌中进行融合表达。

　　本实验通过设计引物，并利用 PCR 方法构建 Annexin Ⅴ-EGFP 融合表达载体。Annexin Ⅴ-EGFP 融合表达载体的构建策略如图 1-5 所示。

2. 实验原理

1) PCR 引物设计原则

　　首先，引物要跟模板紧密结合；其次，引物与引物之间不能有稳定的二聚体或发夹结构存在；再次，引物不能在别的非目的位点引起 DNA 聚合反应（即错配）。围绕这几条基本原则，设计引物需要考虑诸多因素，如引物长度（primer length）、产物长度（product length）、序列 T_m 值（melting temperature）、ΔG 值（internal stability）、引物二聚体及发夹结构（duplex formation and hairpin structare）、错误引发位点（false priming site）、引物及产物 GC 含量（GC composition），有时还要对引物进行修饰，如增加限制酶切点、引进突变等。引物的长度一般为 15～30bp，常用的是 18～27bp，但不能大于 38，因为过长会导致其延伸温度大于 74℃，即 Taq 酶的最适温度。

　　① 引物 3′端的序列要比 5′端重要。引物 3′端的碱基一般不用 A（3′端碱基序列最好是 G、C、CG、GC），因为 A 在错误引发位点的引发效率相对比较高。另外引物间 3′端的互补、二聚体或发夹结构也可能导致 PCR 反应失败。5′端序列对 PCR 影响不大，因此常用来引进修饰位点或标记物。

　　② 引物的 GC 含量一般为 40%～60%，以 45%～55% 为宜，过高或过低都不利于引发反应。有一些模板本身的 GC 含量偏低或偏高，导致引物的 GC 含量不能在上述范围内，这时应尽量使上下游引物的 GC 含量以及 T_m 值保持接近（上下游引物的 GC 含量不能相差太大），以有利于退火温度的选择。如果 GC 比例过高，则在引物的 5′端增加 As 或 Ts；而如果 AT 比例过高，则同样在 5′端增加 Gs 或 Cs。但也有人认为：原来普遍认为 PCR 引物应当有 50% 的 GC/AT 比率的观点其实是不对的，以人基因组 DNA

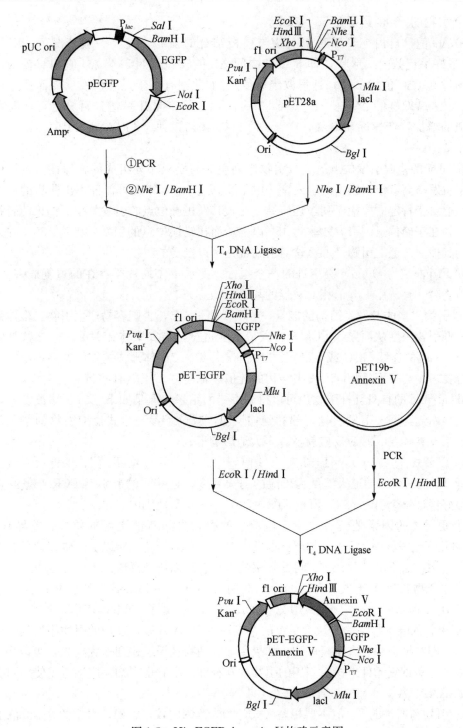

图 1-5　His-EGFP-Annexin Ⅴ构建示意图

为模板，用 81％AT 的引物可以产生单一的、专一的、长 250bp、含有 70％AT 的产物。因此，完全没有必要复杂地去计算产物和引物的解链温度，PCR 引物的 GC/AT 比率应当等于或高于所要放大的模板的 GC/AT 比。

③ 引物的 T_m 值最好在 55～72℃。

④ ΔG 值（自由能）反映了引物与模板结合的强弱程度。一般情况下，引物的 ΔG 值最好呈正弦曲线形状，即 5′端和中间 ΔG 值较高，而 3′端 ΔG 值相对较低，且不要超过 9（ΔG 值为负值，这里取绝对值），如此则有利于正确引发反应而防止错误引发。3′末端双链的 ΔG 是 $-2\sim0$kcal/mol 时，PCR 产量几乎达到百分之百，随着其绝对值的增加，产量逐渐下降，在 -6 时只有 40%、到 -8 时少于 20%、而 -10 时接近于 0。

⑤ 可能的错误引发位点决定于引物序列组成与模板序列组成的相似性，相似性高则错误引发率高，错误引发的引发率一般不要高过 100，如此可保证不出非目的产物的假带。但对于特定的模板序列，还应结合比较其在正确位点的引发效率。如果两者相差很大，如在正确位点的引发效率为 450 以上，而在错误位点的引发效率为 130，并且难以找到其他更合适的引物，那么这对引物也是可以接受的。

⑥ Frq 曲线为 Oligo 6 新引进的一个指标，揭示了序列片段存在的重复概率大小。选取引物时，宜选用 Frq 值相对较低的片段。

⑦ 引物二聚体及发夹结构的能量一般不要超过 4.5，否则容易产生引物二聚体带而且会降低引物浓度从而导致 PCR 正常反应不能进行，与二聚体相关的一个参数是碱基的分布，3′端的连续 GGG 或 CCC 会导致错误引发。二聚体形成的能值越高越稳定，越不符合要求。与二聚体相同，发夹结构的能值越低越好。虽然有些带有发夹环，其 ΔG 为 -3kcal/mol 的自身互补引物也可以得到不错的结果，但是如果它的 3′端被发夹环占据时就很麻烦，即会引发引物内部的延伸反应，减少了参与正式反应引物的数量。当然，如果发夹环在 5′端对反应就没有多大地影响了。

⑧ 以公式 $[(G+C)\times41-500]/(G+C+A+T)-5$ 计算 T_m 值，即退火温度。选择较低 T_m 值的引物的退火温度为反应的退火温度。4～6℃的差别对 PCR 产量影响不大。最好保证每个引物的 T_m 值相匹配，且在 70～75℃范围内。

⑨ 更重要的因素是模板与稳定性较小的引物之间解链温度的差异。差异越小，PCR 的效率越高。因为 DNA 的解链温度也取决于它的长度，所以有的研究者喜欢设计很长的引物，而不求它很稳定。可是，引物太长就难以避免形成二聚体和自身互补。如果期待的产物长度等于或小于 500bp，选用短的（16～18mers）的引物；若产物长 5kb，则用 24mers 的引物。有人用 20～23mers 引物得到了 40kb 的产物。

⑩ 引物的唯一性。为了放大单个的、专一性 DNA 片段，选用的引物序列就应当是唯一的，即在模板中没有重复序列。如果用哺乳动物基因组序列作为模板，可以用 Alu 序列或其他短重复元件来核对想用的引物的互补性。由此也可知，应当避免使用同寡聚物（如-AAAAAA-）和二核苷酸重复（如-ATATAT-）。

⑪ 引物和产物的 T_m 值不要相差太大，20℃范围内较好。确定引物的 T_m 值范围之后即可确定引物的长度范围。

⑫ 对引物的修饰一般是增加酶切位点，应参考载体的限制酶识别序列确定，常常对上下游引物修饰的序列选用不同限制酶的识别序列，以利于以后的工作。

⑬ 值得一提的是，各种模板的引物设计难度不一。有的模板本身条件较差，如 GC

含量偏高或偏低，导致找不到各种指标都十分合适的引物；有时PCR产物要作为克隆对象插入到载体中表达，因此PCR引物设计的可选择度很低。遇到这种情况只能尽量去满足条件，这时，使用自动搜索引物及正确地评价引物可使研究人员对实验心中有数。

⑭ 在设计克隆PCR引物时，引物两端一般都添加酶切位点，这样必然存在发夹结构，而且能值不会太低，这种PCR需要灵活调控退火温度以达到最好效果，对引物的发夹结构的检测就不应要求太高。

2) 常用引物设计软件的使用

(1) Primer premier 5.0

① 基本信息，如下所示。

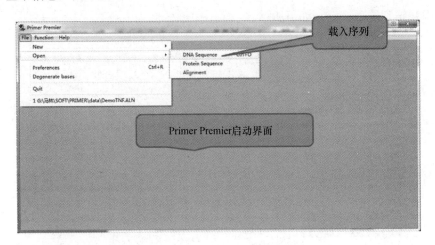

② 引物设计界面，如下所示。

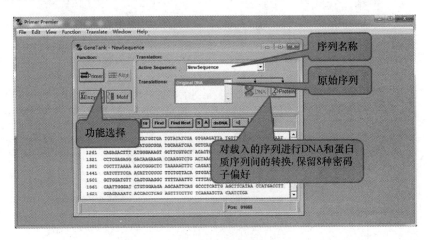

③ 引物手动设计，如下所示。

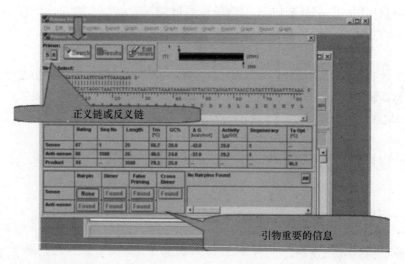

④ 引物搜索选项设定，如下所示。

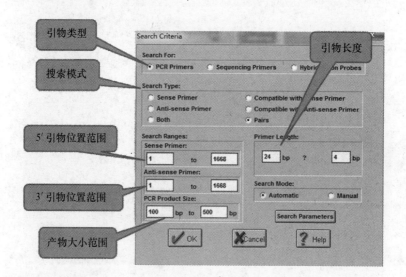

⑤ 搜索结果，如下所示。

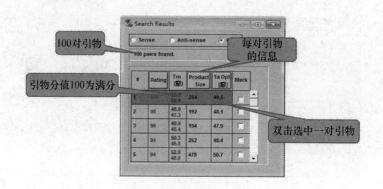

⑥ 引物及产物信息，如下所示。

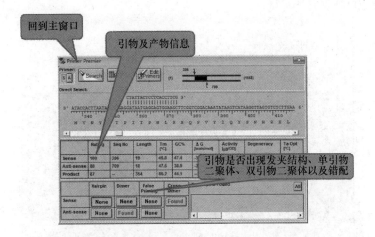

⑦ 引物编辑，如下所示。

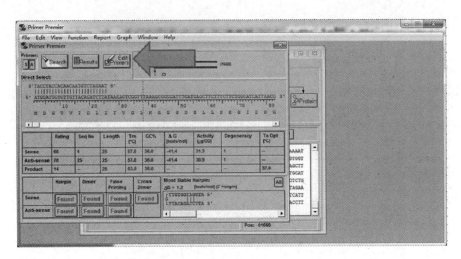

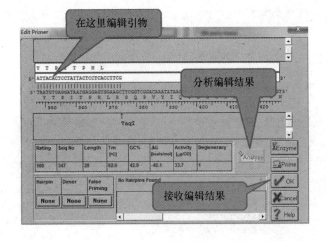

（2）Oligo 6.0

①导入序列，如下所示。

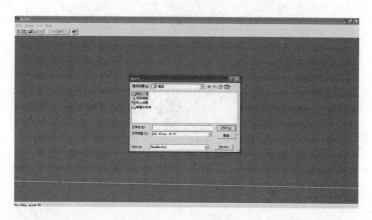

②整个序列的 ΔG、Frq、T_m 分析，如下所示。

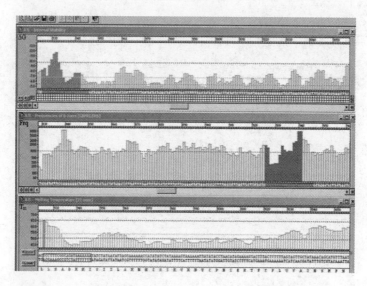

③上下游引物的编辑，如下所示。

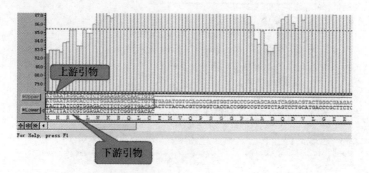

④ 引物的分析，如下所示。

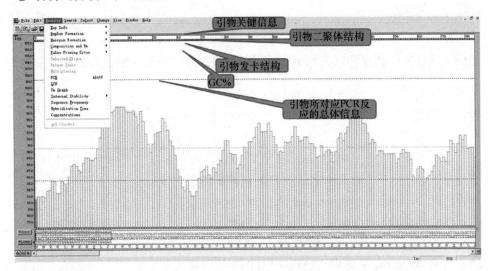

⑤ 引物质量及所对应的 PCR 反应条件，如下所示。

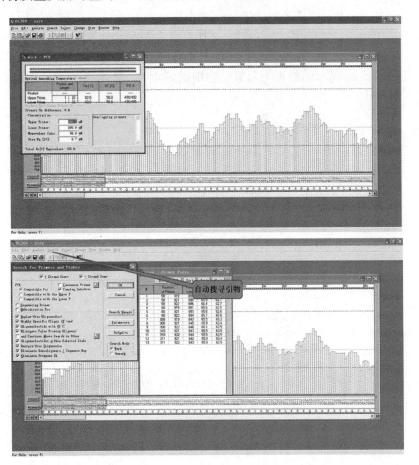

3）引物的检验

最后将设计的引物序列输入到 Primer Blast 数据库，检验引物的特异性及引物的相关信息。

3. 实验方法

基于以上原则和方法，构建 Annexin Ⅴ-EGFP 融合蛋白的引物序列设计如下。

模板 pEGFP 用于扩增 EGFP 表达序列，其扩增引物为：

EGFP up　5′-ctg a**gc tag** cgt acc ggt cgc cac cat g-3′　　　（*Nhe* Ⅰ）

EGFP down　5′-act **gga tcc** ctt gtc gtc gtc gtc ggt acc ctt gta cag ctc gtc cat g -3′ (*Bam*HⅠ) 中间加了一个 EK 酶的酶切位点，DDDDK，在需要的时候可以将融合蛋白切开。

为了得到 Annexin Ⅴ 的表达序列，设计 PCR 引物为：

Annexin Ⅴ up　5′-cag **gaa ttc** atg gca cag gtt ctc aga-3′　　　（*EcoR* Ⅰ）

Annexin Ⅴ down　5′-cgtc **aa gct t**ag tca tct tct cca ca -3′　　（*Hind* Ⅲ）

为了验证该引物序列的唯一性，将上述序列输入 GeneBank 进行比对查询，结果如图 1-6 所示，表明该引物序列在 Annexin Ⅴ 外不存在其他匹配基因，因此该引物序列是可用的。扩增 Annexin Ⅴ 的模板为哺乳动物细胞 cDNA，具体操作步骤详见实验 3。

Primer pair 1

	Sequence (5'->3')	Length	Tm	GC%
Forward primer	CAGGAATTCATGGCACAGGTTCTCAGA	27	58.85	48.15%
Reverse primer	CGTCAAGCTTAGTCATCTTCTCCACA	26	56.77	46.15%

Products on target templates

>NM_001154.3 Homo sapiens annexin A5 (ANXA5), mRNA

```
product length = 980
Forward primer   1     CAGGAATTCATGGCACAGGTTCTCAGA   27
Template         157   GTA.TCGC.................     183

Reverse primer   1     -CGTCAAGCTTAGTCATCTTCTCCACA   26
Template         1136  GT.A..C.-...............      1111
```

图 1-6　Annexin Ⅴ 引物在 GeneBank 中的 Blast 结果

实验 3　哺乳动物细胞中提取 RNA

1. 实验目的

从哺乳动物细胞中提取 RNA，进行逆转录，制备 cDNA 模板，PCR 扩增所需 Annexin V 片段。

2. 实验原理（异硫氰酸胍酚氯仿一步法）

Trizol 试剂中的主要成分为异硫氰酸胍和苯酚，其中异硫氰酸胍可裂解细胞，促使核蛋白体的解离，使 RNA 与蛋白质分离，并将 RNA 释放到溶液中。当加入氯仿时，它可抽提酸性的苯酚，而酸性苯酚可促使 RNA 进入水相，离心后可形成水相层和有机层，这样 RNA 与仍留在有机相中的蛋白质和 DNA 分离开。水相层（无色）主要为 RNA，有机层（黄色）主要为 DNA 和蛋白质。

3. 实验仪器与器材

1）实验仪器

电泳仪；分光光度计；离心机；紫外检测仪

2）实验器材

移液枪（1mL、200μL、10μL）；枪头（1mL、200μL、20μL）；枪头盒（1mL、200μL 和 20μL 枪头盒各一个）；eppendorf 管（1.5mL、100μL）；15mL 塑料管一个（配 75％乙醇用）；1000mL 和 100mL 容量瓶

3）实验器具的处理与准备

① 塑料制品：（包括吸头、eppendorf 管等）将塑料制品逐个浸泡于 1‰ DEPC 水中，37℃过夜，然后高压灭菌 3 次后在烘烤箱中 80℃烘干（或 37℃ 8h 左右烘干）。
② 金属制品：（镊子等）先洗干净，再送干烤 3 次（不需要泡 DEPC 水）。

4. 试剂与配制

DEPC 水：1000mL 双蒸水中加 1mL DEPC，放在 1000mL 容量瓶中静置过夜，第二天高压灭菌，将 DEPC 分解成二氧化碳和乙醇后，封闭冷藏备用。最好分装小瓶来用，尽量避免污染。

75%乙醇的 DEPC（要在抽提时现配）：用无水乙醇和 DEPC 水配制（DEPC 水：无水乙醇=1：3），然后放于−20℃备用。

异丙醇：放入棕色瓶。

氯仿：放入棕色瓶。

Trizol：200mL/瓶，存放于 4℃条件下。

5. 实验步骤

1）抽提时注意事项

全程佩戴一次性手套和口罩，手套要勤换，避免手套接触可疑污染物。

2）抽提步骤

抽提步骤如图 1-7 所示。

（1）匀浆化作用

单层贴壁细胞直接在培养板中加入 Trizol 裂解细胞，每 $10cm^2$ 加入 1mL Trizol。用取样器吹打几次，室温放置 5min（使得核酸蛋白复合物完全分离）。注意：Trizol 加量根据培养板面积决定，不是由细胞数决定。如果 Trizol 加量不足，可能导致提取的 RNA 中有 DNA 污染。

（2）分离阶段

每 1mL Trizol 中加 0.2mL 氯仿。盖紧样品管盖，用手用力摇晃试管 15s，使其充分混匀，室温静置 5min 后，12 000g 离心 15min。

（3）RNA 沉淀

将上层水相转入新的 1.5mL eppendorf 管中（400～500μL），加入 0.5mL 异丙醇，混匀放于室温 15min 后，12 000g 离心 10min。

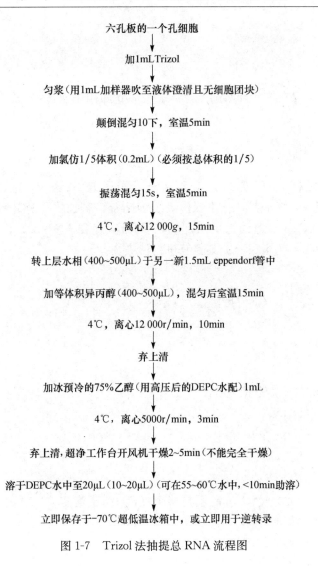

图 1-7　Trizol 法抽提总 RNA 流程图

（4）RNA 洗脱

　　小心倒掉上清，留取沉淀。加 1mL 现配的 75％乙醇（预冷）振荡洗涤 RNA 沉淀一次后，5000r/min 离心 3min。

（5）RNA 再溶解

　　小心倒掉上清，取沉淀置超净工作台开风机吹干（2～5min，此时 RNA 沉淀变透明）。注意不能让 RNA 沉淀完全干燥（会极大地降低它的可溶性）。再在管中加 20μL 的 DEPC 水溶解，在 55～60℃ 孵育 10min 助溶。

（6）RNA 保存

　　提取的 RNA 保存于−70℃超低温冰箱中或立即用于逆转录。

（7）电泳鉴定并测 $A_{260/280}$

　　RNA 样品电泳后，可见 28S、18S 及 5S 小分子 RNA 条带，则说明提取质量较好。若有降解拖尾现象，可能是操作不当污染了 RNase，若加样孔有亮带，则为蛋白污染。通常 28S 和 18S RNA 比值约为 2∶1。RNA 的 $A_{260/280}$ 在 1.9～2.1，高于 2.1 说明 RNA 已经降解，低于 1.9 为蛋白质或其他有机物污染。

6. 实验结果分析与讨论

1）低得率

　　① 样品裂解或匀浆处理不彻底。
　　② 最后得到的 RNA 沉淀未完全溶解。

2）$A_{260/280} < 1.65$

　　① 检测吸光度时，RNA 样品不是溶于 TE，而是溶于水，低离子浓度和低 pH 条件下，A_{280} 值会较高。
　　② 样品匀浆时加的试剂量太少。
　　③ 匀浆后样品未在室温放置 5min。
　　④ 水相中混有有机相。
　　⑤ 最后得到的 RNA 沉淀未完全溶解。

3）RNA 降解

　　① 组织取出后没有马上处理或冷冻。
　　② 样品或提取的 RNA 沉淀保存于−20～−5℃，未在−70～−60℃保存。
　　③ 细胞在胰蛋白酶处理时被破坏。
　　④ 溶液或离心管未经 RNase 处理。
　　⑤ 电泳时使用的甲酰胺 pH 低于 3.5。

4）DNA 污染

　　① 样品匀浆时加的试剂体积太小。
　　② 样品中含有组织溶剂（如乙醇、DMSO 等）、强缓冲液或碱性溶液。

5）蛋白质和多糖污染

　　① 样品中蛋白质、多糖含量高。
　　② 样品量太大。
　　③ 水相中混有有机相。

7. 思考题

　　① RNA 提取方法有几种？有什么优缺点?
　　② RNA 提取过程中应注意什么?

实验 4　逆转录 PCR 与产物鉴定

1. 实验目的

使用逆转录酶将提取的总 RNA 逆转录为 cDNA，再以 cDNA 为模板扩增所需要的目的基因。

2. 实验原理

RT-PCR 是将 RNA 逆转录（RT）和 cDNA 的聚合酶链式反应（PCR）相结合的技术。首先经逆转录酶的作用从 RNA 合成 cDNA，再以 cDNA 为模板，扩增合成目的片段。RT-PCR 技术灵敏而且用途广泛，可用于检测细胞中基因表达水平，细胞中 RNA 病毒的含量和直接克隆特定基因的 cDNA 序列。作为模板的 RNA 可以是总 RNA、mRNA 或体外转录的 RNA 产物。无论使用何种 RNA，关键是确保 RNA 中无 RNase 和基因 DNA 的污染。另外，这项技术还可以用于检测基因表达差异。

逆转录酶是存在于 RNA 病毒体内的依赖 RNA 的 DNA 聚合酶，至少具有以下两种活性。

①RNase 水解活性：水解 RNA/DNA 杂合体中的 RNA。

②依赖 DNA 的 DNA 聚合酶活性：以第一条 DNA 为模板合成互补的双链 cDNA。

用于逆转录的引物可视实验的具体情况选择 Oligo dT、序列特异性引物或随机引物。对于短的不具有发卡结构的真核细胞 mRNA，三种都可以（图 1-8）。

3. 实验方法

以 TaKaRa PrimeScript™RT reagent Kit 为例介绍 RT-PCR 的使用。

1) 该逆转录试剂的优点

① 使用了具有较强延伸能力的 PrimeScript™ RTase，可以在较短时间内高效合成 RT-PCR 用 cDNA。

② 含有 Oligo dT 和随机两种逆转录引物，可根据实际情况区别使用。逆转录反应可以使用 Random 6mers 或 Oligo dT Primer，也可以 Oligo dT Primer 和 Random 6mers 同时使用。只扩增一种目的基因时，也可以使用 Specific Primer 作为逆转录引物。

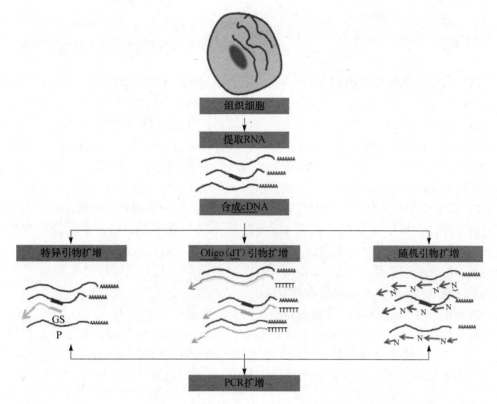

图 1-8 不同引物起始逆转录 PCR 示意图

2）使用方法

（1）逆转录反应

按下列组分配制 RT 反应液（反应液配制在冰上进行，如表 1-1 所示）。

表 1-1 逆转录反应体系

试 剂	使用量	终浓度
5×PrimeScript™ Buffer（for Real Time）	2μL	1×
PrimeScript™ RT Enzyme Mix1	0.5μL	
Oligo dT Primer（50μmol/L）* 1	0.5μL	25 pmol
Random 6mers（100μmol/L）* 1	0.5μL	50 pmol
Total RNA		
RNase Free dH$_2$O	up to 10μL* 2	

逆转录反应条件为：37℃ 15min（逆转录反应）；85℃ 5s（逆转录酶的失活反应）。

（2）PCR

　　PCR 技术的基本原理类似于 DNA 的天然复制过程，其特异性依赖于与靶序列两端互补的寡核苷酸引物。PCR 由变性—退火—延伸三个基本反应步骤构成。①模板 DNA 的变性，模板 DNA 经加热至 93℃左右一定时间后，使模板 DNA 双链或经 PCR 扩增形成的双链 DNA 解离，使之成为单链，以便它与引物结合，为下轮反应作准备；②模板 DNA 与引物的退火（复性），模板 DNA 经加热变性成单链后，温度降至 55℃左右，引物与模板 DNA 单链的互补序列配对结合；③引物的延伸，DNA 模板-引物结合物在 *Taq* DNA 聚合酶的作用下，以 dNTP 为反应原料，靶序列为模板，按碱基配对与半保留复制原理，合成一条新的与模板 DNA 链互补的半保留复制链。重复循环变性—退火—延伸过程，就可获得更多的"半保留复制链"，而且这种新链又可成为下次循环的模板。每完成一个循环需 2～4min，2～3h 就能将待扩目的基因扩增放大几百万倍。到达平台期（plateau）所需循环次数取决于样品中模板的拷贝。

　　PCR 的三个反应步骤反复进行，使 DNA 扩增量呈指数上升。反应最终的 DNA 扩增量可用 $Y=(1+X)^n$ 计算。Y 代表 DNA 片段扩增后的拷贝数，X 表示平均每次的扩增效率，n 代表循环次数。平均扩增效率的理论值为 100%，但在实际反应中平均效率达不到理论值。反应初期，靶序列 DNA 片段的增加呈指数形式，随着 PCR 产物的逐渐积累，被扩增的 DNA 片段不再呈指数增加，而进入线性增长期或静止期，即出现"停滞效应"，这种效应由平台期数、PCR 扩增效率、DNA 聚合酶 PCR 的种类和活性及非特异性产物的竞争等因素决定。大多数情况下，平台期的到来是不可避免的。

　　PCR 扩增产物可分为长产物片段和短产物片段两部分。短产物片段的长度严格地限定在两个引物链 5′端之间，是需要扩增的特定片段。短产物片段和长产物片段是由于引物所结合的模板不一样而形成的，以一个原始模板为例，在第一个反应周期中，以两条互补的 DNA 为模板，引物是从 3′端开始延伸，其 5′端是固定的，3′端则没有固定的止点，长短不一，这就是"长产物片段"。进入第二周期后，引物除与原始模板结合外，还要同新合成的链（即"长产物片段"）结合。引物在与新链结合时，由于新链模板的 5′端序列是固定的，这就等于这次延伸的片段 3′端被固定了止点，保证了新片段的起点和止点都限定于引物扩增序列以内、形成长短一致的"短产物片段"。不难看出"短产物片段"是按指数倍数增加，而"长产物片段"则以算术倍数增加，几乎可以忽略不计，这使得 PCR 的反应产物不需要再纯化，就能保证足够纯 DNA 片段供分析与检测用（图 1-9）。

（3）产物鉴定——琼脂糖凝胶电泳

　　琼脂糖是从琼脂中提纯出来的，主要是由 D-半乳糖和 3，6-脱水-L-半乳糖连接而成的一种线性多糖。琼脂糖凝胶的制作是将干的琼脂糖悬浮于缓冲液中，通常使用

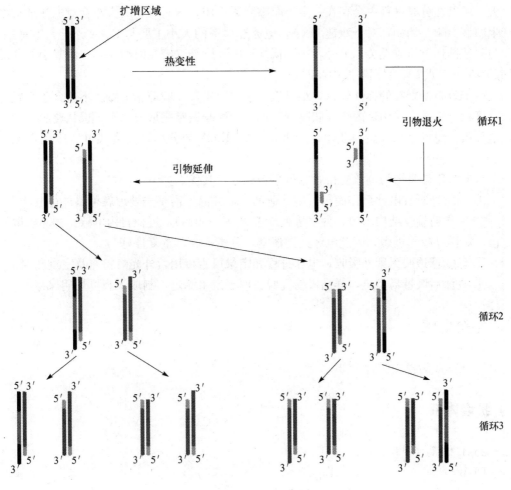

图 1-9 PCR示意图

的浓度是 1%～3%，加热煮沸至溶液变为澄清，注入模板后室温下冷却凝聚即成琼脂糖凝胶。琼脂糖主要在 DNA 电泳中作为一种固体支持基质。琼脂糖之间以分子内和分子间氢键形成较为稳定的交联结构，这种交联的结构使琼脂糖凝胶有较好的抗对流性质。琼脂糖凝胶的孔径可以通过琼脂糖的最初浓度来控制，低浓度的琼脂糖形成较大的孔径，而高浓度的琼脂糖形成较小的孔径。尽管琼脂糖本身没有电荷，但一些糖基可能会被羧基、甲氧基特别是硫酸根不同程度的取代，使得琼脂糖凝胶表面带有一定的电荷，引起电泳过程中发生电渗，以及样品和凝胶间的静电相互作用，影响分离效果。

琼脂糖凝胶可以用于蛋白质和核酸的电泳支持介质，尤其适合于核酸的提纯、分析。如浓度为 1%的琼脂糖凝胶的孔径对于蛋白质来说是比较大的，对蛋白质的阻碍作用较小，这时蛋白质分子的大小对电泳迁移率的影响相对较小，所以适用于一些忽略蛋白质大小而只根据蛋白质天然电荷来进行分离的电泳技术，如免疫电泳、平板等电聚焦电泳等。琼脂糖也适合于 DNA、RNA 分子的分离、分析，由于 DNA、RNA 分子通常较大，所以在分离过程中会存在一定的摩擦阻碍作用，这时分子的大小会对电泳迁移率产生明显影响。例如，对于双链 DNA，电泳迁移率的大小主要与 DNA 分子大小有关，而与碱基排列及组成无关。另外，一些低熔点的琼脂糖（62℃时熔化，因此其中的样品如 DNA 可以重新溶解到溶液中而回收。

由于琼脂糖凝胶的弹性较差，难以从小管中取出，一般琼脂糖凝胶不适合于管状电泳，管状电泳通常采用聚丙烯酰胺凝胶。琼脂糖凝胶通常是形成水平式板状凝胶，用于等电聚焦、免疫电泳等蛋白质电泳以及 DNA、RNA 的分析。垂直式电泳应用得相对较少。

目前多用琼脂糖为电泳支持物进行平板电泳，其优点如下。

① 琼脂糖凝胶电泳操作简单，电泳速度快，样品不需事先处理就可以进行电泳。

② 琼脂糖凝胶结构均匀，含水量大（占98％～99％），近似自由电泳，样品扩散较自由，对样品吸附极微，因此电泳图谱清晰，分辨率高，重复性好。

③ 琼脂糖透明无紫外吸收，电泳过程和结果可直接用紫外光灯检测及定量测定。

④ 电泳后区带易染色，样品极易洗脱，便于定量测定，制成干膜可长期保存。

4. 实验步骤

以 cDNA 为模板进行 PCR 扩增。

1）扩增体系

$25\mu L$ 体系（单位：μL）如下。

DDW	15.2
10×buffer	2.5
dNTP（2.5mmol/L）	2
Mg^{2+}	2
Primer1（$10\mu mol/L$）	1
Primer2（$10\mu mol/L$）	1
Taq pdymerase	0.3
模板	1

2）扩增程序

94℃ 5min；94℃ 30s；T_m 30s；72℃ 45s；25～30 个循环；72℃ 10min；12℃保温。

5. 实验结果与讨论

PCR 常见问题分析。

1）无扩增产物

现象：阳性对照有条带，而样品无条带，如图 1-10 所示。

原因：①模板含有抑制物，含量低；②buffer 对样品不合适；③引物设计不当或者发生降解；④退火温度太高，延伸时间太短。

对策：①纯化模板或者使用试剂盒提取模板 DNA 或加大模板的用量；②更换 buffer 或调整浓度；③重新设计引物（避免链间二聚体和链内二级结构）或者换一管新引物；④降低退火温度、延长延伸时间。

2）非特异性扩增

现象：条带与预计的大小不一致或者为非特异性扩增带，如图 1-11 所示。

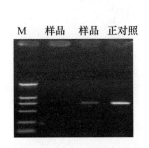

图 1-10　电泳图

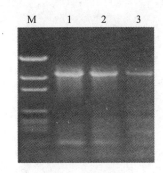

图 1-11　电泳图

原因：①引物特异性差；②模板或引物浓度过高；③酶量过多；④Mg^{2+} 浓度偏高；⑤退火温度偏低；⑥循环次数过多。

对策：①重新设计引物或者使用巢式 PCR；②适当降低模板或引物浓度；③适当减少酶量；④降低 Mg^{2+} 浓度；⑤适当提高退火温度或使用二阶段温度法；⑥减少循环次数。

3）拖尾

现象：目的条带轮廓不清晰且有拖尾，如图 1-12 所示。

原因：①模板不纯；②buffer 不合适；③退火温度偏低；④酶量过多；⑤dNTP、Mg^{2+} 浓度偏高；⑥循环次数过多。

对策：①纯化模板；②更换 buffer；③适当提高退火温度；④适量用酶；⑤适当降低 dNTP 和 Mg^{2+} 的浓度；⑥减少循环次数。

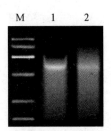

图 1-12　电泳图

4）假阳性

　　现象：空白对照出现目的扩增产物。

　　原因：靶序列或扩增产物的交叉污染。

　　对策：①操作时应小心轻柔，防止将靶序列吸入加样枪内或溅出离心管外；②除酶及不能耐高温的物质外，所有试剂或器材均应高温消毒，所用离心管及加样枪头等均应一次性使用；③各种试剂最好先进行分装，然后低温储存。

实验 5 PCR 产物的酶切与克隆

1. 实验目的

使用限制性内切酶对 PCR 产物和载体进行酶切以产生相同的末端,使用连接酶进行连接。

2. 实验原理

限制性内切酶能特异地结合于一段被称为限制性酶识别序列的 DNA 序列之内或其附近的特异位点上,切割双链 DNA。它可分为三类,Ⅰ类和Ⅲ类酶兼有切割和修饰(甲基化)作用且依赖于 ATP 的存在。Ⅰ类酶结合于识别位点并随机地切割识别位点不远处的 DNA,而Ⅲ类酶在识别位点上切割 DNA 分子,然后从底物上解离。Ⅱ类由两种酶组成:一种为限制性内切核酸酶(限制酶),它切割某一特异的核苷酸序列;另一种为独立的甲基化酶,它修饰同一识别序列。Ⅱ类中的限制性内切酶在分子克隆中得到了广泛应用,它们是重组 DNA 的基础。绝大多数Ⅱ类限制性内切酶识别长度为 4~6 个核苷酸的回文对称特异核苷酸序列(如 $EcoR$ Ⅰ识别 6 个核苷酸序列:$5'$-G↓AAT-TC-$3'$),有少数酶识别更长的序列或简并序列。Ⅱ类酶切割位点在识别序列中,有的在对称轴处切割,产生平末端的 DNA 片段(如 Sma Ⅰ:$5'$-CCC↓GGG-$3'$);有的切割位点在对称轴一侧,产生带有单链突出末端的 DNA 片段,称黏性末端,如 $EcoR$ Ⅰ切割识别序列后产生两个互补的黏性末端。

$5'$-G↓AATTC-$3'$→$5'$-G AATTC-$3'$

$3'$-CTTAA↑G-$5'$→$3'$-CTTAA G-$5'$

DNA 纯度、缓冲液、温度条件及限制性内切酶本身都会影响限制性内切酶的活性。大部分限制性内切酶不受 RNA 或单链 DNA 的影响。当微量的污染物进入限制性内切酶储存液中时,会影响其进一步使用,因此在吸取限制性内切酶时,每次都要用新的吸管头。如果采用两种限制性内切酶,必须要注意分别提供各自的最适盐浓度。若两者可用同一缓冲液,则可同时水解。若需要不同的盐浓度,则低盐浓度的限制性内切酶必须首先使用,随后调节盐浓度,再用高盐浓度的限制性内切酶水解。也可在第一个酶切反应完成后,用等体积酚/氯仿抽提,加 0.1 倍体积 3mol/L CH_3COONa 和 2 倍体积无水乙醇,混匀后置−70℃低温冰箱 30min,离心、干燥并重新溶于缓冲液后进行第二个酶切反应。

限制性内切酶的一个活性单位 U,理论上指 1h 切割 $1\mu g$ DNA 样品中所有专一位点的所用酶量,在实际反应中,1U 酶能完全切割 $1\mu g$ λDNA 的一个位点,但是不能完全切割 1μg 带有 4 个酶切位点的样品和不纯的样品。

3. 实验仪器与器材

1）实验仪器

水浴锅（37℃，65℃）；电泳仪；灭菌锅；紫外检测仪；离心机

2）实验器材

移液器（20μL）；一次性手套；20μL 枪头；防护镜；离心管（0.5mL）；吸水纸；胶带

4. 试剂与配制

λDNA；$EcoR$ I；pUC18 载体；无菌水；终止液；70％乙醇与无水乙醇；3mol/L 冰冻 CH_3COOK（pH5.2）；琼脂糖；溴酚蓝；TE；TAE；EB；DNA marker

5. 实验步骤

1）酶切反应

酶切体系如下：

10×buffer	3μL
DNA	25μL
Nhe I/$EcoR$ I	1μL
BamH I/$Hind$Ⅲ	1μL

将上述反应体系于 37℃放置 3h 进行酶切，反应完成后加入 10×DNA 上样缓冲液电泳分析。

2）胶回收

① 将酶切后片段和质粒经 1％琼脂糖凝胶电泳，同时用未酶切载体作对照。
② 在紫外光下将含目的片段 DNA 的胶切下至 1.5mL eppendorf 管中。
③ 加 500μL Solution N，55℃溶解 10min。
④ 加 50μL Solution B，55℃，1min。
⑤ 将溶液转至 3S 柱中，室温 2min，离心 12 000r/min，1min。

⑥ 倒去管内液体，加 $700\mu L$ 洗液，离心 $12\,000r/min$，$30s$。

⑦ 重复⑥一次。

⑧ 倒去管内液体，空甩 $12\,000r/min$，$2min$。

⑨ 将 3S 柱放入干净 $1.5mL$ eppendorf 管中，在膜中央加 $55℃$ 预热过的 DDW $30\mu L$，放置 $5min$ 溶解。

⑩ 离心，$12\,000r/min$，$2min$，回收到灭菌的 $1.5mL$ eppendorf 管中。

3) DNA 连接

(1) 连接酶简介

DNA 连接酶是 1967 年在三个实验室同时发现的。它是一种封闭 DNA 链上缺口的酶，借助 ATP 或 NAD 水解提供的能量催化 DNA 链的 $5'$-PO_4 与另一 DNA 链的 $3'$-OH 生成磷酸二酯键。但这两条链必须是与同一条互补链配对结合的（T_4 DNA 连接酶除外），而且必须是两条紧邻 DNA 链才能被 DNA 连接酶催化成磷酸二酯键。常用的 DNA 连接酶有两种：来自大肠杆菌的 DNA 连接酶和来自噬菌体的 T_4 DNA 连接酶，两者的作用机制类似。T_4 连接酶作用分三步：① T_4 DNA 连接酶与辅助因子 ATP 形成酶-ATP 复合物；②酶-AMP 复合物结合到具有 $5'$-PO_4 和 $3'$-OH 切口的 DNA 上，使 DNA 腺苷化；③产生一个新的磷酸二酯键，把缺口封起来。

分子生物学实验中主要采用 T_4 DNA 连接酶，因该酶在正常条件下，即能完成连接反应。T_4 DNA 连接酶是一单链多肽，分子质量为 68kDa，它能催化双链 DNA 上相邻的 $3'$-OH 和 $5'$-PO_4 末端形成磷酸二酯键。λDNA 用 *Eco*R Ⅰ 酶切割后形成的 6 个片段均具有黏性末端，在 T_4 DNA 连接酶作用下，可连接成原来的线状 DNA（表 1-2）。

表 1-2　T_4 DNA 连接酶连接要求和结果

外源 DNA 片段末端性质	连接要求	连接结果
不对称黏性末端	两种限制酶消化后，需纯化载体以提高连接效率	载体与外源 DNA 连接处的限制酶切位点常可保留；非重组克隆的背景较低；外源 DNA 可以定向插入到载体中
对称性黏性末端	线形载体 DNA 常需磷酸酶脱磷处理	载体与外源 DNA 连接处的限制酶切位点常可保留；重组质粒会带有外源 DNA 的串联拷贝；外源 DNA 会以两个方向插入到载体中
平端	要求高浓度的 DNA 和连接酶	载体与外源 DNA 连接处的限制酶切位点消失；重组质粒会带有外源 DNA 的串联拷贝；非重组克隆的背景较高

(2) 连接酶的一般性质

大肠杆菌的 DNA 连接酶是一条分子质量为 75kDa 的多肽链。对胰蛋白酶敏感，可被其水解。水解后形成的小片段仍具有部分活性，可以催化酶与 NAD 反应形成中间物。DNA 连接酶在大肠杆菌细胞中约有 300 个拷贝，和 DNA 聚合酶 Ⅰ 的拷贝数相近。因为 DNA 连接酶的主要功能就是在 DNA 聚合酶 Ⅰ 催化聚合下，填满双链 DNA 上的单链间隙并封闭 DNA 双链上的缺口。这在 DNA 复制、修复和重组中起着重要的作用，连接酶有缺陷的突变株不能进行 DNA 复制、修复和重组。噬菌体 T_4 DNA 连接酶分子也是一条多肽链，分子质量为 60kDa，其活性很容易被 0.2mol/L 的 KCl 和精胺所抑制，此酶的催化过程需要 ATP 辅助。T_4 DNA 连接酶可连接 DNA-DNA、DNA-RNA、RNA-RNA 和双链 DNA 黏性末端或平末端。另外，NH_4Cl 可以提高大肠杆菌 DNA 连接酶的催化速率，而对 T_4 DNA 连接酶则无效。无论是 T_4 DNA 连接酶，还是大肠杆菌 DNA 连接酶都不能催化两条游离的 DNA 链相连接。

(3) 连接酶作用机制

DNA 连接酶利用 NAD 或 ATP 中的能量催化两个核酸链之间形成磷酸二酯键。反应过程可分三步：①NAD 或 ATP 将其腺苷酰基转移到 DNA 连接酶的一个赖氨酸残基的 ε-氨基上形成共价的酶-腺苷酸中间物，同时释放出烟酰胺单核苷酸（NMN）或焦磷酸；②将酶-腺苷酸中间物上的腺苷酰基再转移到 DNA 的 5′-PO_4 端，形成一个焦磷酰衍生物，即 DNA-腺苷酸；③这个被激活的 5′-磷酰基端可以和 DNA 的 3′-OH 端反应合成磷酸二酯键，同时释放出 AMP。

DNA 连接酶所催化的整个过程是可逆的。酶-腺苷酸中间物可以与 NMN 或 PPi 反应生成 NDA 或 ATP 及游离酶；DNA-腺苷酸也可以和 NMN 及游离酶作用重新生成 NAD。该逆反应过程可以在 AMP 存在的情况下使共价闭环超螺旋 DNA 被连接酶催化，产生有缺口的 DNA-腺苷酸，生成松弛的闭环 DNA。

在真核生物细胞中也存在 DNA 连接酶，且有两型，分别称为连接酶 Ⅰ 和 Ⅱ，反应中利用 ATP 所提供的能量。DNA 连接酶 Ⅰ 分子质量约为 200kDa，主要存在于生长旺盛细胞中，DNA 连接酶 Ⅱ 分子质量约 85kDa，主要存在于生长不活跃的细胞中（resting cell）。

(4) 连接酶单位定义

Weiss 单位：连接酶单位最早是 1968 年由 Weiss 提出的 Weiss 单位，现也称 PPi 单位。Weiss 单位定义为：37℃ 20min 内将 1nmol 的 ^{32}P 从焦磷酸根上置换到 ATP 分子上所需的酶量，现在大多数厂商仍使用这种单位。

d(A-T) 环化单位：由于 Weiss 单位定义中测试的是 T_4 DNA 连接酶中除连接功能外的另一种磷交换功能，并且测试温度高达 30℃，与实际连接反应相比无论在哪一方面都有一定的差距。于是，1970 年 Modrich 与 Lehman 提出了真正度量连接功能的 d(A-T)环化单位，又称外切酶抗性检测。d(A-T) 环化单位的定义为：30℃ 30min 内将 100nmol/L 的 d(A-T)（约 2kb 长）转化成抗外切酶的形式。

黏性末端单位：与 Weiss 单位相比，d(A-T) 环化单位更接近实际，但仍有一定的问题。例如，环化单位测试中用的是纯 AT 片段，与实际连接中 4 种碱基随机排列不符；而如果连接酶将片段连接成多聚体而未环化时，仍可能被外切酶组所切；除此之外，与实际上大多数连接反应使用的温度 16℃相比，30℃仍显得偏高。为了衡量实际连接条件下的酶活力，New England Biolabs 公司提出了最实用的黏性末端单位，它的单位定义为：16℃ 30min 将 5′端浓度为 0.12μmol/L λ-Hind Ⅲ酶切片段的 50% 连接上。

(5) DNA 连接实验原理

DNA 分子的体外连接就是在一定条件下，由 DNA 连接酶催化两个双链 DNA 片段相邻的 5′-PO$_4$ 与 3′-OH 之间形成磷酸二酯键的生物化学过程，DNA 分子的连接是在酶切反应获得同种酶互补序列基础上进行的。

带有相同末端（平端或黏端）的外源 DNA 片段必须克隆到具有匹配末端的线性质粒载体中，但是在连接反应时，外源 DNA 和质粒都可能发生环化，形成串联寡聚物。因此，必须仔细调整连接反应中两个 DNA 的浓度，以便使"正确"连接产物的数量达到最佳水平，此外还常常使用碱性磷酸酶去除 5′-PO$_4$ 以抑制载体 DNA 的自身环化。利用 T$_4$ DNA 连接酶进行目的 DNA 片段和载体的体外连接反应，也就是在双链 DNA 5′-PO$_4$ 和相邻的 3′-OH 之间形成新的共价键。如载体的两条链都带有 5′-PO$_4$（未脱磷），可形成 4 个新的磷酸二酯键；如载体 DNA 已脱磷，则只能形成 2 个新的磷酸二酯键，此时产生的重组 DNA 带有两个单链缺口，在导入感受态细胞后可被修复。

不对称黏性末端：两种限制酶消化后，需纯化载体以提高连接效率；载体与外源 DNA 连接处的限制酶切位点常可保留；非重组克隆的背景较低；外源 DNA 可以定向插入到载体中。

对称性黏性末端：线形载体 DNA 常需磷酸酶脱磷处理，载体与外源 DNA 连接处的限制酶切位点常可保留，重组质粒会带有外源 DNA 的串联拷贝；外源 DNA 会以两个方向插入到载体中。

平端：要求高浓度的 DNA 和连接酶，载体与外源 DNA 连接处的限制酶切位点消失，重组质粒会带有外源 DNA 的串联拷贝，非重组克隆的背景较高。

(6) 连接反应实验试剂

用适当的限制酶消化质粒和外源 DNA。如有必要，可用凝胶电泳分离片段并（或）用碱性磷酸酶处理质粒 DNA。通过酚∶氯仿抽提和乙醇沉淀来纯化 DNA，然后用 Tris-EDTA（pH7.6）溶液使其溶解。

10×T$_4$ DNA 连接酶 buffer（该缓冲液应分装成小份，储存于−20℃）；200mmol/L Tris-HCl（pH7.6）；50mmol/L MgCl$_2$；50mmol/L 二硫苏糖醇；500μL/mL BSA（可用可不用）；T$_4$ DNA 连接酶；5mmol/L ATP。

本实验连接体系如下：

30μL 连接体系（单位：μL）

DNA 片段	25
10×buffer	3
质粒载体	1
T₄ DNA 连接酶	1

4) 连接反应的影响因素及提高效率的方法

连接反应的影响因素有以下几方面。

(1) 连接缓冲液的影响

大体上缓冲液含有以下组分：20～100mmol/L 的 Tris-HCl，较多用 50mmol/L；pH 为 7.4～7.8，较多用 7.8，目的是提供合适酸碱度的连接体系；10mmol/L 的 $MgCl_2$，作用是激活酶反应；1～20mmol/L 的 DTT，较多用 10mmol/L，作用是维持还原性环境，稳定酶活性；25～50μg/mL 的 BSA，作用是增加蛋白质的浓度，防止因蛋白质浓度过稀而造成酶的失活。与限制酶缓冲液不同的是连接酶缓冲液还含有 0.5～4mmol/L 的 ATP，现多用 1mmol/L，是酶反应所必需的。

(2) pH 的影响

一般将缓冲液的 pH 调节到 7.4～7.8，较多用 7.8。有实验表明若把 pH 为 7.5～8.0 时的酶活力定为 100%，那么体系偏碱（pH 为 8.3）时仅为全部活力的 65%，当体系偏酸（pH 为 6.9）时仅为全部活力的 40%。

(3) ATP 浓度的影响

连接缓冲液中 ATP 的浓度在 0.5～4mmol/L，较多用 1mmol/L。研究发现，ATP 的最适浓度为 0.5～1mmol/L，过浓会抑制反应。例如，5mmol/L 的 ATP 会完全抑制平末端连接，黏端的连接也有 10% 被抑制；还有报道，当 ATP 的浓度为 0.1mmol/L 时，去磷酸载体的自环比例最大。由于 ATP 极易分解，当连接反应失败时，除了 DNA 与酶的问题外，还应考虑 ATP 的因素。含有 ATP 的缓冲液应于 −20℃保存，溶化取用后立即放回。连接缓冲液体积较大时最好分小管储存，防止反复冻融引起 ATP 分解。与限制酶缓冲液不同的是，含 ATP 的连接缓冲液长期放置后往往失效，所以也可自行配制不含 ATP 的缓冲液（可长期保存），临用时加入新配制的 ATP 母液。

（4）连接温度与时间的影响

因为黏性末端的 DNA 双链间有氢键的作用，所以温度过高会使氢键不稳定，但连接酶的最适温度又恰为 37℃。为了解决这一矛盾，在经过综合考虑后，传统上将连接温度定为 16℃，时间为 4～16h。现经实验发现，对于一般的黏性末端来说，20℃ 30min 就足以取得相当好的连接效果，当然如果时间充裕的话，20℃ 60min 能使连接反应进行得更完全一些。对于平末端是不用考虑氢键问题的，可使用较高的温度，使酶活性得到更好的发挥。

（5）酶浓度的影响

日常使用的 DNA 浓度比酶单位定义状态低 10～20 倍，连接平末端时酶用量要比连接黏端大 10～100 倍。进行黏末端连接时需先行稀释，稀释液的成分与酶保存缓冲液相同或类似，稀释液中的酶能在长时间保持活力，也便于随时取用。

（6）DNA 浓度的影响

要求得到环化的有效连接产物，DNA 浓度不可过高，一般不会超过 20nmol/L。要求线性化的连接产物，DNA 的浓度可以高些，至少是接近推荐的浓度。在用大质粒载体进行大片段克隆时，以及在双酶切片段的连接反应中，DNA 浓度还应降低，甚至是 DNA 的总浓度低至几个 nmol/L。另据研究，T_4 DNA 连接酶对 DNA 末端的表观 K_m 值为 1.5nmol/L，所以，连接时 DNA 浓度不应低于 1nmol/L，一般具有 2nmol/L 的末端浓度。

提高平末端连接效率的方法。

① 低温下长时间的连接效率比室温下短时间连接的好，平端连接需要过夜反应。

② 在体系中加一点切载体的酶，只要连接后原来的酶切位点消失。这样可避免载体自连，应该可以大大提高平末端连接的效率。

足够多的载体和插入片段是最重要的。要看片段具体情况而言，有时载体和片段浓度过高，容易产生线性化产物，不利于环化。插入的 DNA 片段的摩尔数是载体摩尔数的 5～10 倍，这个很关键。载体通常 50ng 就够了，若载体在 10kb 左右，可用 50～100ng。

③ 尽可能缩小连接反应的体积，最好不超过 10μL。

5）转化

转化（transformation）是将异源 DNA 分子引入一细胞株系，使受体细胞获得新的遗传性状的一种手段，是基因工程等研究领域的基本实验技术。进入细胞的 DNA 分子通过复制表达，才能实现遗传信息的转移，使受体细胞出现新的遗传性状。转化过程所用的受体细胞一般是限制-修饰系统缺陷的变异株，即不含限制性内切酶和甲基化酶的突变株（图 1-13）。

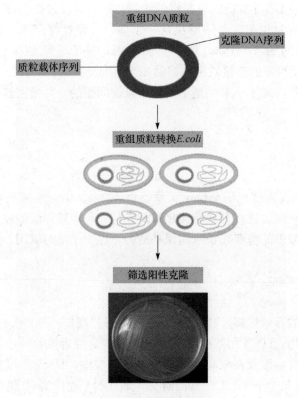

图 1-13　基因克隆示意图

转化的方法有：①化学方法。使用化学试剂（如 $CaCl_2$）制备的感受态细胞，通过处理将载体 DNA 分子导入受体细胞。②电转化法。使用低盐缓冲液制备的感受态细胞，通过高压脉冲的作用将载体 DNA 分子导入受体细胞。

（1）转化步骤

① 取 20μL 连接产物体系加入 100μL 感受态细胞，轻吹混匀，冰上孵育 40min。

② 42℃水浴，90s 精确热休克。

③ 立即拿出置冰上 3min。

④ 加入 LB 培养基 700μL，轻轻混匀。

⑤ 将转化的连接产物 37℃水浴培养 45min 以上。

⑥ 拿出含氨苄青霉素的 LB 平板，于 37℃温箱预热。

⑦ 离心，3500r/min，5min，涂板，最适体积 100～200μL。

⑧ 烧涂棒，使冷却，吹入适量菌液，涂平。

⑨ 做好标记：日期、名字、内容。

⑩ 正置片刻。

⑪ 倒置于 37℃ 温箱中培养 12h 左右。

(2) 转化要点及疑难解析

① 存放。感受态细胞必须从干冰运送包装箱取出直接放入 −80℃ 冰箱的底部。一定不要用液氮来保存感受态细胞。

存放条件：感受态细胞对微小的温度改变也极度敏感，因此必须存放在 −80℃ 冰箱的底部。即使是将细胞从一个冰箱转移到另一个冰箱也会导致转化效率的损失。在转化实验中使用圆底聚丙烯试管也是关键之一，一般的试管容易被 β-巯基乙醇降解。

分装细胞：分装细胞时务必保持置于冰上，将聚丙烯管放置在冰上等待细胞融化，分装的细胞装入预冷的试管中。

② 使用 β-巯基乙醇。已经证明 β-巯基乙醇可以帮助提高转化效率，Stratagene 公司提供的 β-巯基乙醇已经稀释过，可以直接使用，其他来源的 β-巯基乙醇使用时请参考相关文献。

③ 使用 NZY＋肉汤培养基。Stratagene 的超级感受态细胞在热激处理后用 NZY＋培养基培养菌落生长最好。用其他培养基替代往往会造成效率降低。

④ DNA 的质量和用量。测定的最高转化效率的数值来自 1mL 的 0.01ng/mL 超螺旋 pUC18 DNA 转化 100mL 感受态细胞的实验结果。转化连接产物时，每 100mL 细胞要求 2mL 连接反应产物。通过使用 50ng DNA 可以得到更多的克隆，但同时转化效率（cfu/mg）有所降低。DNA 溶液的体积可以增至总转化体系体积的 10%，但是转化效率也相应降低。

⑤ 热激时间和温度。最优的转化结果是采用 42℃ 热激 90s。热激<90s 或热激>100s 均造成效率降低，温度不可超过 42℃。

⑥ 蓝白斑筛选。特定重组质粒的蓝白斑筛选要求宿主菌含有 F′附加体上的 *lacIq lac Z*Δ*M15* 基因，而质粒提供 α-互补（如 Stratagene 的 pBluescript Ⅱ 系列载体等）。当 IPTG 诱导 *lacZ*′ 表达时，在含有生色底物 5-溴-4-氯-3-吲哚-β-D-半乳糖苷（X-gal）的平板上，带有插入片段的重组质粒的克隆为白色，带有质粒却没有插入片段的克隆则为蓝色。做蓝白斑筛选时，将含有 IPTG 和 X-gal LB 琼脂糖平板在 37℃ 下培养 17h 以上以便显色。显色后将平板置于 4℃ 2h，蓝色会加深。如果插入片段毒性较大，应采用没有 X-gal 和 IPTG 的培养平板。

实验 6 克 隆 鉴 定

1. 实验目的

通过抗生素筛选法并结合菌液 PCR 技术和酶切技术确定目的片段是否成功插入到相应载体中。

2. 实验原理

根据载体的遗传特征筛选重组子，如 α-互补、抗生素基因等。现在使用的许多载体都带有一个大肠杆菌的 DNA 短区段，其中有 β-半乳糖苷酶基因（lacZ）的调控序列和前 146 个氨基酸的编码信息。在这个编码区中插入了一个多克隆位点（MCS），它并不破坏可读框，但可使少数几个氨基酸插入到 β-半乳糖苷酶的氨基端而不影响功能，这种载体适用于可编码 β-半乳糖苷酶 C 端部分序列的宿主细胞。因此，宿主和质粒编码的片段虽都没有酶活性，但它们同时存在时，可形成具有酶学活性的蛋白质。这样，lacZ 基因在缺少近操纵基因区段的宿主细胞与带有完整近操纵基因区段的质粒之间实现了互补，称为 α-互补。由 α-互补而产生的 $lacZ^+$ 细菌在诱导剂 IPTG 的作用下，在生色底物 X-gal 存在时产生蓝色菌落，因而易于识别。然而，当外源 DNA 插入到质粒的多克隆位点后，几乎不可避免地导致无 α-互补能力的氨基端片段，使得带有重组质粒的细菌形成白色菌落。这种重组子的筛选，又称为蓝白斑筛选。例如，用蓝白斑筛选则经连接产物转化的钙化菌平板 37℃温箱倒置培养 12～16h 后，有重组质粒的细菌形成白色菌落。这和受体菌、质粒 DNA 的选择性相关，原则上要注意：①受体菌必须是限制与修饰系统缺陷的菌株；②根据质粒基因型和受体菌基因型互补原则而定。

重组子的筛选常用的有两种方法。

① 抗生素筛选法。菌株为某种抗生素缺陷型，而质粒上带有该抗性基因（如氨苄青霉素、卡那霉素等）这样只有转化子才能在含该抗生素的培养基上长出。本实验利用抗生素筛选转化子。

② 互补法。现在使用的许多载体（如 pUC 系列）含有一个大肠杆菌 DNA 的短区段，其中含有 β-半乳糖苷酸基因（lacZ）的调控序列和前 146 个氨基酸编码区。这个编码区中插入一个多克隆位点。受体菌则含编码 β-半乳糖苷酶 C 端氨基酸的序列。当外源基因插入时，两者融为一体后，有 β-半乳糖苷酶表达，在生色底物 X-gal 培养基中形成蓝色菌落。而当有外源基因插入到多克隆位点，从而造成插入失活，使 lacZ 基因不表达而形成白色菌斑。通过颜色不同而区分重组子和非重组子。

3. 实验仪器与器材

PCR仪；移液器；水浴锅；离心机；制冰机；冰盒

4. 试剂与配制

Taq酶混合液（包含Taq酶、镁离子和反应缓冲液）；dNTP；限制性内切酶
溶液Ⅰ：50mmol/L葡萄糖，25mmol/L Tris-HCl（pH8.0），10mmol/L EDTA（pH8.0）
溶液Ⅱ：0.2mol/L NaOH，1%SDS
溶液Ⅲ：5mol/L乙酸钾60mL，冰醋酸11.5mL，双蒸去离子水28.5mL

5. 实验步骤

1) 菌体PCR鉴定

① 取出平板观察。
② 在连接板上用无菌枪头挑取多个菌落，注入事先准备好的加有20μL LB培养基的eppendorf管中。
③ 取2μL模板加入已分装好的eppendorf管中，进行菌体PCR，剩余的放4℃冰箱暂存。
④ 1%琼脂糖凝胶电泳检测PCR产物。

2) 小提质粒

① 离心收集菌体（约3mL，留一些保种），4000r/min，5min。
② 加100μL溶液Ⅰ，先枪头吹散，再振荡器混匀，充分悬浮菌体，静置3～5min。
③ 冰上操作，加200μL溶液Ⅱ即上下颠倒，冰浴2～3min至溶液变澄清。
④ 加400μL溶液Ⅲ，立即上下颠倒使充分中和，室温静置2～3min。
⑤ 高速离心，12 000r/min，10min。
⑥ 将上清转移至3S柱内，室温静置2～15min，离心10 000r/min，1min。
⑦ 600μL洗液洗两次。
⑧ 高速离心，10 000r/min，2min。
⑨ 更换管套，50μL预热过的DDW加至膜中央，静置2min以上。
⑩ 离心，10 000r/min，2min。
⑪ 收集液体于干净的eppendorf管中。

3) 酶切鉴定

① 1%琼脂糖凝胶电泳鉴定。
② 将阳性结果送测序，如果结果正确就大量提取质粒。

实验 7　大肠杆菌感受态的制备

1. 实验目的与要求

通过本实验学习氯化钙法制备大肠杆菌感受态细胞和外源 DNA 转入受体菌细胞的技术，了解细胞转化的概念及其在分子生物学研究中的意义。

2. 实验原理

受体细胞经过一些特殊方法（如 $CaCl_2$ 等化学试剂法）的处理后，细胞膜的通透性发生变化，成为能吞入外源 DNA 载体分子的感受态细胞（competent cell）。

3. 实验仪器与器材

冷冻离心机；移液器；制冰机；冰盒

4. 试剂与配制

0.1mol/L $CaCl_2$

5. 实验步骤

1）大肠杆菌感受态细胞的制备（$CaCl_2$ 法）

① 从大肠杆菌 DH5α 菌平板上挑取一单菌落，接种于 3mL LB 液体培养基中，37℃振荡培养过夜。将该菌悬液以（1∶100）～（1∶50）转接于 200mL LB 液体培养基中，37℃振荡扩大培养，当培养液开始出现浑浊后，每隔 20～30min 测一次 A_{600}，至 $A_{600} \leqslant 0.5$ 时停止培养（2～3h）。

② 取 1 个离心管，转入 1mL 培养液，在冰上冷却 2～3min，于 4℃，5000r/min 离心 5min（从这一步开始，所有操作均在冰上进行，速度尽量快而稳）。

③ 倒净上清培养液，按照 0.5mL/管，用冰冷的 0.1mol/L $CaCl_2$ 溶液轻轻悬浮细胞，冰浴 30min；5000r/min 离心 5min。

④ 弃去上清液，加入 100μL 冰冷的 0.1mol/L $CaCl_2$ 溶液，小心悬浮细胞，冰上放

置 1h 后，即制成了感受态细胞悬液。

⑤ 制备好的感受态细胞悬液可直接用于转化实验，也可加入占总体积 15%～20% 高压灭菌过的甘油，混匀后分装于 1.5mL 离心管中，置于－70℃条件下，可保存半年至一年。

2）感受态细胞转化效率的检验

为确定感受态细胞的转化效率，可将一定量的完整质粒转化到感受态细胞中，取一部分转化的细菌，涂布到选择培养基上，可用菌落生长数/μg DNA，按下面的方法计算感受态细胞的转化效率。计算公式：转化效率＝产生菌落的总数/铺板 DNA 的总量。

例如，取 1μL（0.1ng/μL）完整的质粒转化 100μL 的感受态细胞。向转化反应液中加入 900μL 培养液，让细菌恢复一小段时间，取 100μL 铺板，培养过夜，产生 1000 个菌落。转化 0.1ng DNA，用 SOC 稀释到 1mL 后，取 1/10 涂平板，则涂平板共用 0.01ng DNA 质粒，所以转化率＝1000（克隆数）/0.01ng DNA＝10^5cfu/ng＝10^8cfu/μg。转化效率 1×10^6cfu/μg DNA 可满足普通的亚克隆实验，1×10^7cfu/μg DNA 用于做更复杂的亚克隆，有限量的 DNA 的转化，TA 克隆实验、构建文库和突变要求用的转化的效率为＞1×10^8cfu/μg DNA。

参 考 文 献

胡静，温进坤. 1994. 三种从琼脂糖凝胶回收 DNA 片段方法的比较. 中华医学遗传学杂志，11（4）：238-239.

林万明. 1993. PCR 技术操作与应用指南. 北京：人民军医出版社.

刘静华，包英华，陈燕飞. 2008. 大肠杆菌 DH5α 感受态细胞转化率的改进. 韶关学院学报，29（3）：87-90.

陆德如. 2002. 基因工程. 北京：化学工业出版社.

吴乃虎. 1998. 基因工程原理. 北京：科学出版社.

熊江霞，朱华庆，王雪，等. 2003. 限制性内切酶酶切及限制性内切酶酶切图谱分析，安徽医科大学学报，38（2）：157-159.

张新宇，高燕. 2003. PCR 引物设计及软件使用技巧. http://bioman.sjtu.edu.cn/documents/08091004Pimer_design.pdf [2013-2-18].

赵波，孟紫强. 2001. DNA 连接酶的结构与功能. 生命的化学，21（2）：119-121.

赵朴，赵坤，郑玉姝，等. 2011. 猪 A 型流感病毒 RT-PCR 的建立及应用. 中畜牧兽医，38（8）：97-99.

赵锐，邓世山，刘海. 2012. 膜联蛋白与恶性肿瘤的相关研究进展. 中华临床医师杂志，6（17）：5219-5222.

朱平. 1992. PCR 基因扩增实验操作手册. 北京：中国科学技术出版社.

朱玉贤. 1996. 现代分子生物学. 北京：高等教育出版社.

Chomcznki P, Sacchi N. 1987. Single-step method of RNA isolation by acid guanidine thiocyanate-phenol-chloroform extraction. Anal Biochem，162：156-159.

Cookson B T, Engelhardt S, Smith C, et al. 1994. Organization of the human annexin V (ANX5) gene. Genomics，20：463-467.

Gerke V，Moss S E. 2002. Annexins：from structure to function. Physiol Rev，82：331-371.

Hung M C，Wensink P C. 1984. Different restriction enzyme-generated sticky DNA ends can be joined in vitro. Nucleic Acids Res，12（4）：1863-1874.

Martin F H，Castro M M，Tinoco J I. 1985. Base pairing involving deoxyinisine，implications for probe design. Nucleic Acids Res，13：8927-8938.

Morgan R O，Bell D W，Testa J R，et al. 1999. Human annexin 31 enegtic mapping and origin. Gen，227：33-38.

Morgan R O，Pilar Fernandez M. 1997. Distinct annexin subfamilies in plants and protists diverged prior to animal annexins and from a common ancestor. J Mol Evol，44：178-188.

Mullis K，Faloona F，Scharf S，et al. 1986. Specfic enzymatic amplification of DNA in vitro：the polymerase chain reaction. Cold Spring Harb Symp Quant Biol，51（1）：263-273.

Robert F，Weaver. 2002. MOLECULAR BIOLOGY（影印版）. 北京：科学出版社.

Rychlik W，Rhoads R E. 1989. A computer program for choosing optimal oligonucleotides for filter hybridization，sequencing and in vitro amplification of DNA. Nucleic Acids Res，17：8543-8551.

Sambrook J，Russell D W. 2002. 分子克隆实验指南. 3版. 黄培堂译. 北京：科学出版社.

第二章 Annexin Ⅴ-EGFP 质粒的扩增与提取

实验 8　Annexin Ⅴ-EGFP 质粒的扩增

1. 实验目的

在制作酶谱、测定序列、制备探针、转染细胞等实验中需要高纯度、高浓度的质粒 DNA，为此需要大量提取质粒 DNA。

2. 实验仪器与器材

37℃恒温摇床；离心机；分光光度计

3. 试剂与配制

液体 LB 培养基（10g/L NaCl，5g/L 胰蛋白胨，5g/L 酵母提取物）；抗生素

4. 实验原理

许多年来，一直认为在氯霉素存在下扩增质粒只对生长在基本培养基上的细菌有效，然而在带有 pMB1 或 ColE1 复制子的高拷贝数质粒的大肠杆菌菌株中，采用以下步骤可提高产量至每 500mL 培养物可提取 2.5mg 质粒 DNA，而且重复性也很好。

5. 实验步骤

① 将 30mL 含有目的质粒的细菌培养物培养到对数晚期（A_{600} 约 0.6）。培养基中应含有相应抗生素，用单菌落或从单菌落中生长起来的少量液体进行接种。

② 将含相应抗生素的 500mL LB 或肉汤培养基（预加温至 37℃）加入 25mL 对数晚期的培养物，于 37℃剧烈振摇培养 2.5h（摇床转速 300r/min），所得培养物的 A_{600} 值约为 0.4。

③ 加 2.5mL 氯霉素溶液（34mg/mL 溶于乙醇），使终浓度为 170μg/mL。新一代的质粒（如 pUC 质粒）可复制到很高的拷贝数，因此无需扩增。但像 pBR322 一类在宿主菌内只以中等拷贝复制的质粒，有必要扩增。氯霉素进行处理，具有抑制细菌复制的优点，可减少细菌裂解物的体积和黏稠度，极大地简化质粒纯化的过程。所以尽管在生长中的细菌培养物里加入氯霉素略显不便，但用氯霉素处理能提高质粒产量还是利大于弊。

④ 于 37℃剧烈振摇（300r/min），继续培养 12～16h。

⑤ 用 Sorvall GS3 转头（或相当的转头）于 4℃以 4000r/min 离心 15min，弃上清，敞开离心管口并倒置离心管使上清全部流尽。将细菌沉淀重悬于 100mL 冰预冷的 STE [0.1mol/L NaCl，10mmol/L Tris-HCl（pH8.0），1mmol/L EDTA（pH8.0），5% Triton X-100] 中按照前面所述收集细菌细胞。

实验 9 Annexin Ⅴ-EGFP 质粒的提取

1. 实验目的

大量提取所构建的质粒，待后续转染细胞用。

2. 实验原理与方法

闭合环状的超螺旋质粒 DNA，在变性后不会分离，复性快。染色体线性 DNA 和有缺口的质粒 DNA 变性后双链分离，难以复性而形成缠绕的结构，与蛋白质-SDS 复合物结合在一起，在离心的时候沉淀下去，如图 2-1 所示。

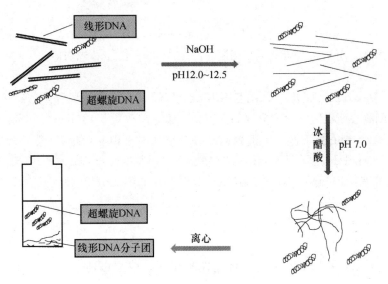

图 2-1　质粒提取原理

大量提取的质粒 DNA 一般需进一步纯化，常用柱层析法和氯化铯梯度离心法。常使用的所有纯化方法都利用质粒 DNA 相对较小及共价闭合环状这样两个性质。例如，用氯化铯-溴化乙锭梯度平衡离心分离质粒和染色体 DNA 就取决于溴化乙锭与线状及闭环 DNA 分子的结合量有所不同。溴化乙锭通过嵌入碱基之间而与 DNA 结合，进而使双螺旋解旋。由此导致线状 DNA 的长度有所增加，作为补偿，将在闭环质粒 DNA 中引入超螺旋单位。最后超螺旋度增加，从而阻止了溴化乙锭分子的继续嵌入。但线状分子不受此限制，可继续结合更多溴化乙锭，直至达到饱和（每 2 个碱基对大约结合 1 个溴化乙锭分子）。由于染料的结合量有所差别，线状和闭环 DNA 分子在氯化铯梯度中的浮力密度也有所不同。多年来，氯化铯-溴化乙锭梯度平衡离心已成为制备大量质粒 DNA 的首选方法。然而该过程既昂贵又费时，为此发展了许多替代方法。其中主要包括利用离子交换层析、凝胶过滤层析、分级沉淀等分离质粒 DNA 和宿主 DNA 的方法。其中最好的方法是聚乙二醇分级沉淀法，使用该方法可得到纯度极高的质粒。聚乙二醇分级沉淀法与氯化铯-溴化乙锭梯度平衡离心法有一点不同，即不能有效地把带切口的环状分子同闭环质粒 DNA 分开。因此，纯化容易产生切口的极大质粒（大于15kb）及用于生物物理学测定的闭环质粒时，平衡离心法仍是首选方法。然而，两种方法都可胜任分子克隆中各种复杂工作的质粒 DNA 的纯化，包括用于哺乳动物细胞的转染以及利用外切核酸酶产生缺失突变体。

3. 实验仪器与器材

离心机；水浴锅；制冰机；分光光度计

4. 试剂与配制

溶液Ⅰ：50mmol/L 葡萄糖，25mmol/L Tris-HCl（pH8.0），10mmol/L EDTA（pH8.0）。溶液Ⅰ可成批配制，在 10lbf/in^2（6.895×10^4 Pa）高压下蒸汽灭菌 15min，4℃储存。

溶液Ⅱ：0.2mol/L NaOH（临用前用 10mol/L 储存液现用现稀释）1% SDS。盖紧瓶盖，缓缓颠倒离心瓶数次，以充分混匀内容物。于室温放置 5～10min。当溶液的 pH 低于8.0 时，溶菌酶不能有效工作。防止 NaOH 接触空气中的 CO_2，所以一般要现配。

溶液Ⅲ：5mol/L 乙酸钾 60mL，冰醋酸 11.5mL，水 28.5mL。

溶菌酶溶液：10mg/mL，溶于 10mmol/L Tris-HCl（pH8.0）。

5. 实验步骤

① 将菌液倒入 500mL 离心杯，注意两杯平衡，收集菌体，5000r/min 离心 5min，15℃。

② 用滴管加入 10mL 预冷的溶液Ⅰ，吹匀。

③ 加入 20mL 溶液Ⅱ，盖上盖子，轻轻上下颠倒，转至澄清（溶液Ⅱ要临时配制：0.2mol/L NaOH，1% SDS）。

④ 加入 15mL 溶液Ⅲ，4℃离心 8000r/min 10min，轻轻取出（溶液Ⅰ、溶液Ⅱ、溶液Ⅲ的量可变，但要遵循 2：4：3 的比例）。

⑤ 取上清用棉花过滤，加入 60% 体积的异丙醇，室温放置 5～30min。精确平衡，常温 20～25℃离心 8000r/min，10min。

⑥ 倒去上层液体，瓶子倒置晾干，收集沉淀。加 3mL TE（或 DDW）轻吹使溶解（溶液应透明）。加入 50mL 离心管中，加 3mL 预冷的 LiCl（等体积的），放置 5min。

4℃离心 12 000r/min 10min。

⑦ 收集上清加入等体积的预冷异丙醇，充分混匀，冰上放置 5～10min，室温 20℃离心 12 000r/min 10min。

⑧ 收集沉淀于 eppendorf 管中，做标记，溶于 50μL TE（或 DDW），加入 50×RNase，15～20μL，37℃放置 20～40min。

⑨ 加入 500μL PEG，4℃ 沉淀 30min 左右（也可过夜）。4℃ 离心 10 000r/min 10min。

⑩ 收集沉淀，加入 400μL TE（或 DDW）吹散溶解（水浴 10min 至 DNA 全部溶解），加入等体积的酚抽提，漩涡仪上混匀。4℃离心 10 000r/min 2.5min。

⑪ 收集上层溶液，加入 400μL 异丙醇/氯仿混合液（1：24）抽提两次。4℃ 离心 10 000r/min 2.5min。

⑫ 收集上层溶液，加入 100μL 10mol/L 乙酸铵（或加 1/10 体积的乙酸钠，3mol/L，pH5.2），再加两倍体积预冷的乙醇，4℃离心 10 000r/min 10min。

⑬ 收集沉淀，用 70%乙醇洗一遍，12 000r/min 离心 2min，于超净台中置 10～20min，晾干。

⑭ 加 200～500μL DDW（60℃水浴温热）。

⑮ 测质粒浓度：100μL DDW＋1μL 质粒，设对照（DDW），分光光度计用 dsDNA 档，记录数据：浓度、$A_{260/280}$、$A_{260/230}$。

6. 质粒提取常见问题

(1) 涂布棒在乙醇中蘸一下，然后烧一下，能不能保证把所有的菌烧死

参考见解：涂布棒可以在乙醇中保存，但是乙醇不能即时杀菌。蘸了乙醇后再烧一小会，烧的是乙醇而不是涂布棒。建议涂布棒还是干烧较长时间后，冷却了再涂。同时作多个转化时，应用几个涂布棒免得交叉污染。

(2) 原先测序鉴定没有问题的细菌，37℃摇菌后发现提取出的质粒大小出现异常

参考见解：这种情况出现的概率较小，常出现在较大质粒或比较特殊的序列中。
解决办法：
① 降低培养温度，在 20～25℃培养，或室温培养可明显减少发生概率。
② 使用一些特殊菌株，如 Sure 菌株，它缺失了一些重组酶，如 Rec 类等，使得质粒复制更加稳定。
有两种方法可以在提质粒前判断菌生长是否正常。
① 利用你的嗅觉。只要平时做实验仔细点就能闻出大肠杆菌的气味，新鲜的大肠

杆菌是略带一点刺鼻的气味，但不至于反感。而泥水状的菌液你只要一凑过去就感觉到奇臭无比或者没有气味，可以和正常菌液对照。

② 肉眼观察活化菌株。对于生长不正常的菌液进行划板验证或者稀释到浓度足够低涂板，第二天观察单克隆生长情况，LB平板生长的DH5α正常形态在37℃ 16h后直径在1mm左右，颜色偏白，半透明状，湿润的圆形菌斑，如果观察到生长过快，颜色且泛黄，菌液基本不正常。

(3) 未提出质粒或质粒得率较低，如何解决

① 大肠杆菌老化。涂布平板培养后，重新挑选新菌落进行液体培养。

② 质粒拷贝数低。由于使用低拷贝数载体引起的质粒DNA提取量低，可更换具有相同功能的高拷贝数载体。

③ 菌体中无质粒。有些质粒本身不能在某些菌种中稳定存在，经多次转接后有可能造成质粒丢失。例如，柯斯质粒在大肠杆菌中长期保存不稳定，因此不要频繁转接，每次接种时应接种单菌落。另外，检查筛选用抗生素使用浓度是否正确。

④ 碱裂解不充分。使用过多菌体培养液，会导致菌体裂解不充分，可减少菌体用量或增加溶液的用量。对低拷贝数质粒，提取时可加大菌体用量并加倍使用溶液，可以有助于增加质粒提取量和提高质粒质量。

⑤ 溶液使用不当。溶液Ⅱ和Ⅲ在温度较低时可能出现浑浊，应置于37℃保温片刻直至溶解为澄清的溶液，才能使用。

⑥ 吸附柱过载。不同产品中吸附柱吸附能力不同，如果需要提取的质粒量很大，请分多次提取。若用富集培养基，如TB或2×YT，菌液体积必须减少；若质粒有非常高的拷贝数或宿主菌具有很高的生长率，则需减少LB培养液体积。

⑦ 质粒未全部溶解（尤其质粒较大时）。洗脱溶解质粒时，可适当加温或延长溶解时间。

⑧ 乙醇残留。漂洗液洗涤后应离心尽量去除残留液体，再加入洗脱缓冲液。

⑨ 洗脱液加入位置不正确。洗脱液应加在硅胶膜中心部位以确保洗脱液会完全覆盖硅胶膜的表面以达到最大洗脱效率。

⑩ 洗脱液不合适。DNA只在低盐溶液中才能被洗脱，如洗脱缓冲液EB (10mmol/L Tris-HCl, 1mmol/L EDTA, pH8.5) 或水。洗脱效率还取决于pH，最大洗脱效率在pH7.0～8.5。当用水洗脱时确保其pH在此范围内，如果pH过低可能导致洗脱量低。洗脱时将灭菌蒸馏水或洗脱缓冲液加热至60℃后使用，有利于提高洗脱效率。

⑪ 洗脱体积太小。洗脱体积对回收率有一定影响。随着洗脱体积的增大回收率增高，但产品浓度降低。为了得到较高的回收率可以增大洗脱体积。

⑫ 洗脱时间过短。洗脱时间对回收率也会有一定影响。洗脱时放置1min可达到较好的效果。

(4) 细菌离心加入溶液Ⅰ涡旋振荡后，发现菌体呈絮状不均匀或呈细砂状

参考见解：

① 很可能是细菌发生溶菌，可减少培养时间或者使用平板培养，质粒提取前用 PBS 将菌落洗下，相比较来说固体培养基上细菌生长的要好一些。

② 质粒抽提过程很大程度上是受细菌生长情况决定，刚活化的菌比－80℃保存菌种所培养出来的菌液状态好，保存久的菌株可能会造成质粒浓度低、质粒丢失等不明原因。

③ 判断生长的菌液是否正常，可以用肉眼观察，在光线明亮处摇荡新鲜培养液，如果发现菌液呈漂絮状，情况很好。如果发现呈泥水状，即看不到絮状，只是感觉很浑浊，则可能提不出好的质粒，或者没有质粒。

④ 菌液不宜生长时间太长，摇床速度不宜过高。达到 A_{600} 1.5 就可以了（尤其是对于试剂盒提取要注意），另外如果只是简单的酶切验证根本无需酚氯仿抽提（安全考虑，慎重），只要溶液Ⅰ、溶液Ⅱ、溶液Ⅲ比例恰当，转管过程仔细吸取，就不会有太多杂质。

(5) 为什么加了溶液Ⅱ后，菌体没有逐渐由浑浊变澄清？提出来的条带几乎没有，但是 RNA 很亮（没加 RNA 酶）

溶液Ⅱ主要就是 NaOH，如果菌液没有由浑浊变澄清，参考见解：

① 可能是因为溶液储存不当，或屡次操作没有及时盖好溶液瓶盖，导致其吸收了空气中的 CO_2 而失效。RNA 在菌体中量较多，相对少量的菌体裂解，可有较明显的 DNA 条带。

② 可能是菌量大，加溶液Ⅱ后菌体并不能完全裂解，所以没有变清，这也会导致质粒产率低下。

③ 可能是质粒的拷贝数不高，质粒产率不高。如果是使用自己配的试剂，建议做中提或大提；或者买试剂盒提。用自己配的试剂，最后 RNA 很亮，要去除干净就要用比较好的 RNA 酶。

④ 如果不是试剂的原因，可能是质粒表达的过程中使膜蛋白发生变化（数量变多），很难使用碱裂解法，可以尝试用其他比较剧烈的方法（如高温或者低温研磨等），然后使用一般的方法提取。

⑤ 可能质粒随乙醇一起倒掉了。

(6) 加入溶液Ⅱ后，菌液仍然呈浑浊状态，或者浑浊度没有明显的改变

裂解不完全，参考见解：

① 问题可能是发生在溶液Ⅱ上。首先观察 10％ SDS 是否澄清，NaOH 是否有效。

如果使用的是试剂盒，也要首先确认溶液Ⅱ是否澄清没有沉淀。

② 可能是细菌浓度很高，适当调整增加溶液Ⅰ、溶液Ⅱ、溶液Ⅲ的体积。

③ 可能是"杂菌"污染，如果菌液生长异常快，就有可能被杂菌污染。这种情况一般表现为和目的菌有相同的抗性，生长速度异常，能够提出质粒，跑胶的条带也异常的亮，但产物不是自己想要的质粒，要特别注意一下。

(7) 抽提 DNA 去除蛋白质时，为什么要酚/氯仿混合使用？怎样使用酚与氯仿较好

参考见解：酚与氯仿都是非极性分子，水是极性分子，当蛋白质水溶液与酚或氯仿混合时，蛋白质分子之间的水分子就被酚或氯仿挤去，使蛋白质失去水合状态而变性。经过离心，变性蛋白质的密度比水的密度大，因而与水相分离，沉淀在水相下面，从而与溶解在水相中的 DNA 分开。而酚与氯仿有机溶剂密度更大，保留在最下层。

作为表面变性的酚与氯仿，在去除蛋白质的作用中，各有利弊，酚的变性作用大，但酚与水相有一定程度的互溶，10%～15%的水溶解在酚相中，因而损失了这部分水相中的 DNA，而氯仿的变性作用不如酚效果好，但氯仿与水不相混溶，不会带走 DNA。所以在抽提过程中，混合使用酚与氯仿效果最好。经酚第一次抽提后的水相中有残留的酚，由于酚与氯仿是互溶的，可用氯仿第二次变性蛋白质，此时一起将酚带走。也可以在第二次抽提时，将酚与氯仿混合（1∶1）使用。

(8) 呈粉红色的酚可否使用？如何保存酚不被空气氧化

参考见解：保存在冰箱中的酚，容易被空气氧化而变成粉红色的，这样的酚容易降解 DNA，一般不可以使用。为了防止酚的氧化，可加入巯基乙醇和 8-羟基喹啉至终浓度为 0.1%。8-羟基喹啉是带有淡黄色的固体粉末，不仅能抗氧化，并在一定程度上能抑制 DNase 的活性，它是金属离子的弱螯合剂。用 Tris pH8.0 水溶液饱和后的酚，最好分装在棕色小试剂瓶里，上面盖一层 Tris 水溶液或 TE 缓冲液，隔绝空气，以装满盖紧盖子为宜，如有可能，可充氮气防止与空气接触而被氧化。平时保存在 4℃ 或 −20℃冰箱中，使用时，打开盖子吸取后迅速加盖，这样可使酚不变质，可用数月。

(9) 为什么用酚与氯仿抽提 DNA 时，还要加少量的异戊醇

参考见解：在抽提 DNA 时，为了混合均匀，必须剧烈振荡容器数次，这时在混合液内易产生气泡，气泡会阻止溶媒与 PNA 间的充分作用。加入异戊醇能降低分子表面张力，可以降低抽提过程中的泡沫产生。一般采用氯仿与异戊醇的比例为 24∶1。也可采用酚、氯仿与异戊醇之比为 25∶24∶1（不必先配制，可在临用前一份酚加一份 24∶1 的氯仿与异戊醇制成），同时异戊醇有助于分相，使离心后的上层水相、中层变性蛋白质相以及下层有机溶剂相维持稳定。

（10）加入酚/氯仿抽提，离心后在水相和有机相间没有出现变性蛋白质层，在随后的乙醇沉淀步骤中却出现大量的半透明沉淀，溶解后发现蛋白质浓度很高

乙醇沉淀时，较纯的质粒沉淀是白色的（PEG 纯化的沉淀是透明的肉眼不易发现），如沉淀是半透明的凝胶状，则应是蛋白质含量高。

参考见解：首先看看平衡酚是否已被氧化，pH 是否为 8.0，其次检测溶液Ⅲ反应完成后的离心上清 pH 是否在 8.0 左右。有时由于溶液Ⅲ配制的问题，会出现溶液Ⅲ反应后离心的上清 pH 与 8.0 偏差较大的现象，这会降低平衡酚抽提蛋白质的有效性，pH 偏差过大也会导致水相和平衡酚互溶。

（11）使用酚/氯仿抽提方法，质粒的纯度很好，但酶切不能完全切开

参考见解：
① 确认酶的有效性。
② 平衡酚是否被氧化（正常是黄色，而氧化后是棕色的）。
③ 是否不小心吸入了痕量的酚。
④ 乙醇沉淀后，70% 乙醇漂洗的是否充分（残留的盐类会影响酶切）。
⑤ 乙醇漂洗后是否完全干燥（残留的乙醇会影响酶切）。

（12）碱裂解法提取的质粒 DNA 进行琼脂糖电泳鉴定时，看到的三条带分别是什么

参考见解：碱法抽提得到质粒样品中不含线形 DNA，得到的三条带是以电泳速度的快慢排序的，分别是超螺旋、开环和复制中间体（即没有复制完全的两个质粒连在了一起）。如果你不小心在溶液Ⅱ加入后过度振荡，会有第四条带，这条带泳动得较慢，远离这三条带，是 20~100kb 的大肠杆菌基因组 DNA 的片段。

（13）提取质粒中 RNA 没有去除

参考见解：
① 更换 RNase，并保证其储存条件是正确的。
② 手工提取质粒的，可单独增加一步去除 RNA 的步骤，溶液Ⅲ反应后，在离心的上清中加 RNase，室温下去除 RNA 10~30min（需要保证 RNase 是经过失活 DNase 的），同时较高温度（如 50℃）会更加快速完全地去除 RNA，但经验所得经过高温处理的质粒质量不是很高。

(14) 提取的质粒电泳后，为连续的一片火箭状

参考见解：

① 质粒如果盐离子多，会有走胶变形的现象，如果提到的质粒不够纯，会有电泳条带不平齐的现象。

② 当电压太大时，容易出现火箭状，而降解应该是弥散状。

③ 可能是宿主菌影响的，质粒抽提好后，用酚/氯仿处理一下再酶切；若有改善，则为宿主菌影响，转化到其他宿主菌再切。

④ NaOH 的浓度过高，会出现火箭状的结果。

(15) 用碱裂解法提取质粒，裂解 5min，没有用酚/氯仿抽提，最后用灭菌水溶解质粒 DNA 15min。双酶切后跑胶一条带都没有，原因是什么

参考见解：

① 溶解时间稍微短了点，但是根据各个实验室 RNase 不同，这个条件是不同的。在溶解的过程要涡旋处理促进溶解。

② 确认一下酶切过程中是不是有 DNA 酶的污染，如酶切体系的 buffer 或者是水，特别是水中；其次是酶切体系的问题；最后建议再把提取的产物用 70%乙醇重新洗涤一遍，也可以用酚/氯仿重新抽提一下。

③ 也可能在用乙醇洗时把质粒倒掉了。

④ 没有用 RNase 消化，不要用放久的 RNase 否则会有 DNase 的污染。

⑤ 在没有进行酶切时，将所提的质粒做一下核酸电泳，如果是提核酸的问题，那这一步电泳结果应该没有大于 3000bp 的条带，这样可以先排除核酸提取的问题。若是没有酶切时间过长等其他问题的话可以检查一下所用的溶解 DNA 的溶液是否有 DNase 污染的问题，建议将超纯水换成 TE。

(16) 用碱裂解法提取的质粒，取 3μL 转化感受态大肠杆菌涂氨苄青霉素抗性平板，却出现阳性克隆较少（含绿色荧光蛋白，阳性克隆应该显绿色，在紫外灯下非常明显，就几十个菌落），大部分菌落不发绿，这些菌落比发绿的菌落小一些，为什么

参考见解：

① 做一次阴性对照，拿空白菌涂布在含氨苄的平板上，如生长，说明氨苄青霉素过期，一般这种情况不多见。一般粉末状的氨苄青霉素不容易失效。如果氨苄青霉素有效的话，可以配制远高于标准的浓度，如果细菌耐药的话也能生长良好，如不耐药，放置数天仍不见细菌生长。

② 各取数个阴性和阳性的细菌放于高浓度的氨苄液体培养基中，如能生长，说明

空白菌中带有耐药菌，建议换菌。

③ 提质粒的菌被污染了，重新画线挑单克隆。

(17) 培养基、抗生素、质粒提取都没有问题，而细菌菌液提取不到质粒

参考见解：如果是氨苄抗性的，有可能是质粒丢失造成的。若培养时间较长，则可导致培养基中的 β-内酰胺酶过多，作用时间过长，同时培养基 pH 降低，氨苄青霉素失活，从而使无质粒的菌株大量增殖。解决的办法：可以添加葡萄糖，缩短培养时间，改用羧苄青霉素等。

参 考 文 献

薛仁镐，谢宏峰，金圣爱，等. 2005. 碱裂解法提取细菌质粒 DNA 的改良. 生物技术，15（3）：44-46.

Sambrook J，Russell D W. 2002. 分子克隆实验指南. 3 版. 黄培堂译. 北京：科学出版社.

第三章　Annexin Ⅴ-EGFP 基因的表达与纯化

实验 10　Annexin Ⅴ-EGFP 基因的表达

大肠杆菌表达系统是基因表达技术中发展最早，目前应用最广泛的经典表达系统。随着 20 世纪 80 年代后期分子生物学技术的不断发展，大肠杆菌表达系统也不断得到发展和完善。与其他表达系统相比，大肠杆菌表达系统具有遗传背景清楚、目的基因表达水平高、培养周期短、抗污染能力强等特点。在基因表达技术中占有重要的地位，是分子生物学研究和生物技术产业化发展进程中的重要工具。但是大肠杆菌表达系统也存在不少缺点：一是缺乏真核细胞所特有的翻译后加工修饰系统，如糖基化，而不少具有生物活性的蛋白质是糖蛋白，因此无法用原核表达系统表达；二是细菌本身产生的热源、内毒素不易除去，产品纯化问题较多；三是蛋白质的高水平表达常形成包含体，提取和纯化步骤烦琐，而且蛋白质复性困难，易出现肽链的不正确折叠等问题。相对于真核表达系统，常用有酵母菌、丝状真菌、哺乳动物细胞等，酵母菌是研究基因表达最有效的单细胞真核微生物。其基因组小，世代时间短，有单倍体和双倍体两种形式，繁殖迅速，无毒性，能外分泌，产物可糖基化，已有不少真核基因在酵母菌中成功表达。

一个完整的大肠杆菌表达系统至少要由表达载体和宿主菌两部分构成。为了改善表达系统的性能和对各类外源基因的适应能力，表达系统有时还需要有特定功能基因的质粒或溶原化噬菌体参与。到目前为止已经成功发展了许多表达载体和相应的宿主菌。

常见的大肠杆菌表达系统如下。

① T7 表达系统 T7 噬菌体 RNA 聚合酶能选择性地激活 T7 噬菌体启动子的转录，其 mRNA 合成速率相当于大肠杆菌 RNA 聚合酶的 5 倍。

② Lac 表达系统是 β-半乳糖苷酶编码基因 lacZ 的转录的调控序列，该启动子可以被 IPTG 诱导，所以在培养基中加入该安慰诱导物就可以诱导目的基因的表达。

③ Tac 表达系统是一种由 Lac 和 Trp 启动子杂合而成的启动子，其强度得到了很大的提高，也可被 IPTG 诱导表达。

④ λ_{PL} 表达系统是负责 λDNA 分子转录的启动子之一，是一种极强的启动子。

大肠杆菌 T7 噬菌体具有一套专一性非常强的转录体系，利用这一体系中的元件为基础构建的表达系统称为 T7 表达系统。pET 系列载体是这类表达载体的典型代表，T7 表达系统表达目的基因的水平是目前所有表达系统中最高的，但也不可避免相对较高的本底转录，如果目的基因产物对大肠杆菌宿主有毒性就会影响它的生长。

质粒在非表达宿主菌中构建完成后，通常转化到一个带有 T7 RNA 聚合酶基因的宿主菌（λDE3 溶原菌）中表达目的蛋白。目前有 11 种不同 DE3 溶原化宿主菌，BL21 是应用最广的宿主菌来源，具有 Lon 和 OmpT 蛋白酶缺陷的优点，在纯化时可以保持蛋白质的稳定不被降解。

在许多情况下，表达活性可溶性最好的蛋白质依赖于宿主细胞的背景、培养条件和合适的载体配置。通常，除了根据载体/宿主菌组合控制 T7 RNA 聚合酶的基础表达提供不同严紧性，还可以控制诱导的表达水平，如 pET 系统可根据诱导物（IPTG）浓度，对目的蛋白表达提供真正的"变阻器"控制。

1. 实验目的

了解诱导外源基因表达的基本原理，学习和掌握诱导外源基因表达的常用方法。

2. 实验原理

pET 系统是在大肠杆菌中克隆表达重组蛋白功能最强大的系统。目的基因被克隆到 pET 质粒载体上，受噬菌体 T7 强转录及翻译（可选择）信号控制；表达由宿主细胞提供的 T7 RNA 聚合酶诱导。T7 RNA 聚合酶机制十分有效并具选择性，充分诱导时，几乎所有的细胞资源都用于表达目的蛋白；诱导表达后仅几个小时，目的蛋白通常可以占到细胞总蛋白的 50% 以上。

本实验采用的表达系统是 pET 系列之一，即 pET28 表达载体/BL21（DE3）宿主菌（表 3-1）。

表 3-1　表达系统

载体	宿主菌	筛选	启动子	融合标签
pET28	BL21（DE3）	卡那霉素	T7Lac	His-Tag T7-Tag

BL21（DE3）是一株带有由 LacUV5 启动子控制的 T7 噬菌体 RNA 聚合酶基因的溶原菌，pET28a 是具有 His 标签，利用 T7 RNA 聚合酶系统在大肠杆菌中诱导型高效表达外源蛋白的表达质粒。外源基因可与 N 端的 His 标签或者 T7 标签相融合，以提高外源基因的表达量。

通常，宿主细胞的生长和外源基因的表达是分成两个阶段进行的：第一阶段使含有外源基因的宿主细胞迅速生长，以获得足够量的细胞；第二阶段是启动调节开关，使所有细胞的外源基因同时高效表达，产生大量有价值的基因表达产物。

在原核基因表达调控中，阻遏蛋白与操纵基因系统起着重要的开关调节作用，当阻遏蛋白与操纵基因结合时，阻止基因的转录。加入诱导物后，使其与阻遏蛋白结合，解除阻遏，从而启动基因转录。根据表达载体的不同，外源基因表达常采用化学诱导与温度诱导两种方法。pET 系列包括 pET28a，可进行化学诱导来启动外源基因的表达，其原理是：它带有大肠杆菌的乳糖操纵子，包含有编码半乳糖苷酶、透酶和乙酰基转移酶的结构基因，还有一个操纵序列 O、一个启动序列 P 及一个调节基因 I。在启动序列 P 上游还有一个分解（代谢）物基因激活蛋白（CAP）结合位点。由 P 序列、O 序列和 CAP 结合位点共同构成 Lac 操纵子的调控区，三个酶的编码基因即由同一调控区调节，实现基因产物的协调表达。I 基因编码一种阻遏蛋白与 O 序列结合，使操纵子受阻遏而处于关闭状态。在没有乳糖存在时，Lac 操纵子处于阻遏状态，调节基因 I 表达的 Lac 阻遏蛋白与 O 序列结合，阻碍 RNA 聚合酶与 P 序列结合，抑制转录起动。当有乳糖存在时，Lac 操纵子即可被诱导。乳糖进入细胞，经 β-半乳糖苷酶催化，转变为半乳糖。而半乳糖作为一种诱导剂分子结合阻遏蛋白，使蛋白质构象变化，导致阻遏蛋白与 O 序列解离、发生转录。异丙基硫代半乳糖苷（IPTG）是一种作用极强的诱导剂，它是 β-半乳糖苷酶底物类似物，能与阻遏蛋白结合，使操纵子游离，诱导 LacZ 启动子转录，于是外源基因被诱导而高效转录与表达。IPTG 不被细菌代谢而十分稳定，因此被实验室广泛应用。

3. 实验仪器与器材

恒温摇床；离心机；微量移液器；eppendorf 管；试管；摇瓶

4. 试剂与配制

质粒 pET28a-EGFP-Annexin Ⅴ；BL21（DE3）菌株；LB 培养基（10g 蛋白胨，5g 酵母抽提物，10g NaCl，溶于 1L 去离子水，用 1mol/L NaOH 将 pH 调至 7.5，高压灭菌）；卡那霉素（母液 50mg/mL、工作浓度 $50\mu g/mL$）；100mmol/L IPTG（将 2.38g IPTG 溶于 100mL 去离子水，过滤除菌并储存于 −20℃）。

5. 实验步骤

1) 诱导表达的准备工作

从新鲜的划线平板中挑取单克隆［目标质粒 pET28a-EGFP-Annexin Ⅴ 已存在于 BL21（DE3）菌中］，接入 5mL 含 $50\mu g/mL$ 卡那霉素的 LB 中；另一种方法是将保存的甘油菌接入 5mL 含 $50\mu g/mL$ 卡那霉素的 LB 培养基中，37℃振摇培养过夜。

2) 诱导表达目的基因

① 将过夜培养的菌液 5mL，以 1:100 接种到 200mL 新鲜 LB 培养液中，选用 1L 摇瓶（为获得良好的通气，培养基最多只能是摇瓶体积的 20%）。然后，37℃摇床培养至 A_{600} 值为 0.4～1（建议 A_{600} 值为 0.8，2～3h 后可达到）。注：生长过程中无菌条件下取出样品测定 A_{600} 值。

② 取出 3mL 样品作为未诱导对照（样品 1），4000r/min 离心 5min，收集细胞冻存于 −20℃待用。

③ 剩下的样品中加入 100mmol/L IPTG 储液至终浓度为 0.5mmol/L，继续 37℃摇床培养 2~3h。

④ 将摇瓶置于冰上 5min，5000r/min 4℃离心 5min 收集菌体。

⑤ 重悬细胞于 20mL 预冷的 20mmol/L Tris-HCl（pH8.0）中，洗涤菌体，取两份 3mL 样品，5000r/min 离心 5min，获取沉淀－20℃待用。一份为诱导后的菌体表达对照（样品 2）；另一份用于超声裂解细胞获取超声上清（样品 3）和超声沉淀（样品 4）。

⑥ 剩余菌液，4℃下 5000r/min 离心 5min，收集沉淀菌体保存于－70℃冰箱（随着冰箱保存的时间增加，包含体的可溶性会降低）。

⑦ SDS-PAGE 分析预留样品 1~4，确认目的蛋白诱导表达及可溶性表达情况后再进行纯化步骤。

6. 注意事项

① 在进行诱导实验中要注意设定对照样品，应包括含有空载体 pET-28a 的 BL21 (DE3) 菌株，及其诱导前后的菌体样品。

② 可以设定不同 IPTG 的诱导浓度，通过 SDS-PAGE 分析，确定最适合的 IPTG 的工作浓度。

③ 诱导后的培养时间注意一般不超过 3h。

④ 37℃生长常常会使一些蛋白质累积形成包含体，而 30℃生长则可能产生可溶的和有活性的蛋白质。在 25℃或 30℃生长和培养可能是最优化的。在某些情况下，低温（15~20℃）延长诱导时间（过夜）可以使溶解性蛋白质的产量达到最大。

7. 讨论

在大肠杆菌中表达的重组蛋白经常以聚集的形式表达，被称作包含体。即使在形成包含体时，还是有一部分目的蛋白是溶解的。由于 pET 系统的高表达水平，即使有大量的目的蛋白聚集形成包含体，也会有相当多的可溶性目的蛋白存在。在通常情况下，降低蛋白质合成速率，如降低诱导培养温度及在基本培养基中生长都会使目的蛋白的可溶性增加。在许多应用中需要目的蛋白以可溶及活性形式存在。需要注意的是，蛋白质可溶并不意味着蛋白质正确折叠，一些可溶的蛋白质并无活性。载体、宿主菌、蛋白序列和培养条件都会降低或升高蛋白质可溶或不溶形式的比例。

8. 思考题

① 本实验操作中特别需要注意些什么，为什么？

② 为什么 IPTG 可以用来诱导表达？

实验 11 Ni-NTA 亲和层析纯化融合蛋白 His6-EGFP-Annexin Ⅴ

随着分子生物学的发展，基因克隆表达变得越来越容易，基因工程的最终目的是获得纯度高的表达产物，以研究其生物学作用或用于疾病治疗的生物制品。蛋白质纯化工作非常复杂，除了要保证纯度外，蛋白质产品还必须保持其生物学活性。蛋白质纯化的一般原则是先利用各种蛋白质间的相似性来除去非蛋白质物质的污染，再利用各蛋白质的差异将目的蛋白从其他蛋白质中纯化出来。能从成千上万种蛋白质混合物中纯化出一种蛋白质的原因，是不同的蛋白质在它们的许多物理、化学、物理化学和生物学性质上有着极大的不同，这些性质是由于蛋白质的一级结构及氨基酸的序列和数目不同造成的，连接在多肽主链上氨基酸残基可是正电荷的、负电荷的、极性的或非极性的、亲水的或疏水的，此外多肽可折叠成二级结构、三级结构和四级结构，形成独特的大小、形状和蛋白质表面不同残基的分布状况。利用待分离的蛋白质与其他蛋白质之间性质的差异，就有可能设计出一组合理的分级分离步骤。

可依据蛋白质不同性质与之相对应的方法将蛋白质混合物分离。

① 分子大小。蛋白质在大小方面有明显差别，可采用简便的方法初步分离，如透析、超滤和凝胶过滤，其中凝胶过滤是根据分子大小分离蛋白质混合物最有效的方法之一，选择不同交联度的凝胶（琼脂糖或者葡聚糖等）可用于脱盐、置换缓冲液及利用分子质量的差异分离不同大小的蛋白质。

② 溶解度。利用蛋白质在一定的缓冲液中溶解度的差别来分离各种蛋白质。可通过调节溶液的 pH、离子强度和温度等因素来改变蛋白质的溶解度。常用的方法有：蛋白质的盐析和盐溶、等电点沉淀及有机溶剂分级沉淀等。

③ 电荷。蛋白质净电荷取决于在特定的缓冲液中氨基酸残基所带的正负电荷的总和。常采用离子交换层析分离带不同电荷与电荷量不同的蛋白质，改变蛋白质混合物溶液中的盐离子强度、pH 和（阴、阳）离子交换填料，不同蛋白质对不同的离子交换填料的吸附容量不同，蛋白质因吸附容量不同或不被吸附而分离。

④ 基因工程融合表达。使目的蛋白的氨基端或羧基端融合表达纯化标签如 GST-Tag 和 His6-Tag，通过亲和层析，可以高效快速地分离目的蛋白。

总之，蛋白质纯化的目标是设法增加目的蛋白的纯度或比活性，以合理的效率、速度、收率和纯度，将需要蛋白质从细胞的全部其他成分特别是不想要的杂蛋白质中分离出来，同时仍保留有这种多肽的生物学活性和化学完整性。

1. 实验目的

学习亲和层析的原理，掌握利用亲和层析分离蛋白质的技术和方法。

2. 实验原理

层析是最有效的分离纯化方法之一，层析系统由两个相组成：一是固定相，可以是固体物质或者是固定于固体物质上的成分；另一是流动相，即可以流动的物质。当待分离的混合物通过固定相时，由于各组分的理化性质存在差异，与两相发生相互作用（吸附、溶解、结合等）的能力不同，在两相中的分配（含量对比）不同，与固定相相互作用力弱的组分，随流动相移动速度快；而与固定相相互作用强的组分，随流动相移动速度较慢，或者被吸附于固定相上不再移动。通过吸附与不吸附、相对流动速度的差异可以有效分离混合物中的各个组分。常见的层析形式有柱层析、膜层析、薄层层析等，其中柱层析是目前最常用的蛋白质分离纯化方法。

生物分子间存在很多特异性的相互作用，如抗原与抗体、酶与底物或抑制剂、配体与受体等，它们之间都能够发生专一而可逆的结合，这种结合力就称为亲和力。亲和层析的分离原理简单地说就是通过将具有亲和力的两个分子中一个固定在不溶性基质上，利用分子间亲和力的特异性和可逆性，对另一个分子进行分离纯化。被固定在基质上的分子称为配体，配体和基质是共价结合的，构成亲和层析的固定相，称为亲和吸附剂。将制备的亲和吸附剂装柱平衡，当样品溶液通过亲和层析柱的时候，待分离的生物分子就与配体发生特异性的结合，从而留在固定相上；而其他杂质不能与配体结合，仍在流动相中，并随上样缓冲液流出，这样层析柱中就只有待分离的生物分子与配体特异结合在一起。通过适当的洗脱液（如配体的小分子受体溶液）将其从配体上洗脱下来，就得到了纯化的待分离物质。

亲和层析是分离纯化蛋白质、酶等生物大分子最为特异而有效的层析技术，分离过程简单、快速，具有很高的分辨率，对分离含量极少又不稳定的活性物质尤为有效，在生物分离中有广泛的应用。

本实验中将采用的亲和层析是金属螯合亲和层析，介质纯化的目的蛋白是融合表达有 His6-Tag 的 EGFP-Annexin V 蛋白质。过渡金属离子 Cu^{2+}、Zn^{2+} 和 Ni^{2+} 等以亚胺络合物的形式键合到固定相上，由于这些固定化的金属离子还可以与蛋白质中的色氨酸、组氨酸和半胱氨酸残基之间形成配价键，从而使含有这些氨基酸的蛋白质被这种金属螯合亲和层析的固定相吸附，其中最常用的金属离子是镍离子，装有镍离子亲和层析介质的层析柱称作镍柱。由 6 个连续组氨酸组成的 His6-Tag 是最常用的蛋白纯化标记之一，它是在蛋白质的氨基端或者羧基端上加上 6 个连续的组氨酸，带有此标签的蛋白质能与镍亲和层析发生特异而紧密的结合，而天然的蛋白质很少能与镍柱发生结合或者结合力较弱。结合于镍柱的蛋白质可以用咪唑溶液或者低 pH 缓冲液洗脱下来，咪唑可以与组氨酸标签竞争结合镍离子，而低 pH 可以使组氨酸质子化，不再与镍离子结合。

本实验拟纯化的蛋白质是带有 His6-Tag 的 EGFP-Annexin V 蛋白，通过镍亲和层析的方法纯化。

3. 实验仪器与器材

制冰机；4℃／－20℃冰箱；层析柱；恒流泵；紫外检测仪

4. 试剂与配制

结合缓冲液 pH7.8（50mmol/L 磷酸钠，300mmol/L 氯化钠，10mmol/L 咪唑）；洗涤缓冲液 pH7.8（50mmol/L 磷酸钠，300mmol/L 氯化钠，40mmol/L 咪唑）；洗脱缓冲液 pH7.8（50mmol/L 磷酸钠，300mmol/L 氯化钠，250mmol/L 咪唑）；PBS 缓冲液；Ni-NTA 介质。

5. 实验方法

① 取出冻存的表达菌体，用一定量的（一般 500mL 培养物用 40mL 缓冲液）结合缓冲液重悬菌体沉淀，振荡混匀。

② 在冰浴保护下超声破碎菌体细胞，约 30min，每超声 3s，间隔 3s，防止蛋白质样品的温度过度升高而导致蛋白质的变性和降解。超声结束之后样品应该从浑浊的状态变为澄清半透明的蛋清样。若超声结束后样品仍是浑浊、不透明状表明目的蛋白很可能在细菌中表达后以不可溶的包含体形式存在，或者在超声处理的过程中由于温度过高而导致了蛋白质的变性。

③ 4℃条件下 12 000r/min 离心 20min 去除样品中的不可溶物，收集可溶性上清。

④ 处理介质。向柱中加入 Ni-NTA 介质，柱体积约为 5mL。用 5 个柱体积的去离子水洗涤介质，再用 5 个柱体积的结合缓冲液平衡 Ni-NTA 层析柱。

⑤ 上样。将超声后离心上清通过恒流泵加载到层析柱，流速约为 1mL/min，根据紫外检测仪的读数收集穿过液组分，称为穿过峰，留样用于 SDS-PAGE 分析追踪目的蛋白的去向。加载完毕后用结合缓冲液洗涤柱床直至紫外吸收到达基线水平（注：可反复加入 2～3 次，对穿过液留样检测）。

⑥ 洗涤杂蛋白。用含有 40mmol/L 咪唑的洗涤缓冲液洗涤柱床，将结合不牢固的杂蛋白洗脱下来，至无蛋白质流出（紫外检测或者考马斯亮蓝 G250 检测是否变蓝）。

⑦ 洗脱获取目的蛋白。用洗脱缓冲液洗脱特异性结合在 Ni 介质上的目的蛋白，收集洗脱液。

⑧ 透析去咪唑。将收集的 250mmol/L 咪唑洗脱峰组分用透析袋对 PBS 缓冲液进行透析过夜，去除其中较高浓度的咪唑。

⑨ 回收介质。用 1～2 柱体积的 20%乙醇洗涤介质，加入 20%乙醇，封口，保存于 4℃。

⑩ 检测纯化结果。将破菌上清样品，挂柱穿过样品，洗脱回收样品用 SDS-PAGE 凝胶电泳进行检测。

6. 注意事项

① 各种缓冲液中不能有强螯合剂，如 EDTA、EGTA 等。

② 在破碎细胞的时候建议加入蛋白酶抑制剂 0.1~1mmol/L PMSF，防止目的蛋白被降解。

③ 缓冲液里可以加入甘油，防止蛋白质之间由于疏水相互作用而发生聚集沉淀，甘油浓度最高可达 50%（体积分数）。

④ 可加入非离子型去垢剂，如 Triton-X、Tween20、NP-40 等，可以减少背景蛋白污染和去除核酸污染，一般最高可加入 2%。

⑤ 装柱过程中注意分布均匀，不能带入气泡。一般可先在柱内加入一定高度缓冲液，再加填料，这样缓慢沉降避免气泡。

7. 讨论

① Ni-NTA 每毫升介质能结合蛋白质的最大容量约为 50mg，并且在变性条件下也可以用来纯化包含体，具有很宽松的缓冲条件来使用不同的添加剂。

② 除了用层析柱进行较大规模的纯化制备外，还可以直接用填料进行小规模的纯化提取，只需要将 Ni-NTA 介质加入细胞裂解液中进行孵育，然后通过 5000r/min 离心 1min，沉淀 Ni-NTA 介质，弃上清，再反复用 PBS 缓冲洗涤 Ni-NTA 介质后，最后加入洗脱液离心，上清中即为纯化的可溶性目的蛋白。这一技术无需太多的仪器，只要冷冻离心机就可以完成，方便地应用于研究蛋白质相互作用，如免疫共沉淀技术中，利用抗体-抗原作用沉淀相互作用的复合物，可以被替代用融合表达 His6-Tag 的目的蛋白与 Ni-NTA 的作用来获取沉淀复合物，再用于 Western 检测。

8. 思考题

① 亲和层析纯化蛋白质的原理是什么？

② 洗脱镍柱上结合的蛋白质的方法是什么？其原理是什么？

③ 如果目的蛋白在穿过峰（液）中，可能是什么因素导致？

参 考 文 献

郭广君，吕素芳，王荣富. 2006. 外源基因表达系统的研究进展. 科学技术与工程，5 (6)：1671-1815.

何忠效，静国忠，许佐良，等. 1999. 现代生物技术概论. 北京：北京师范大学出版社：9-10.

李满，马贤凯. 1992. 核糖体结合位点序列对大肠杆菌中 HBcAg 重组质粒表达的影响. 遗传学报，19 (2)：186-191.

罗文新，张军，杨海杰，等. 2000. 生物工程学报，16 (5)：578-581.

沈芸，应康，徐万祥，等. 2000. 复旦学报（自然科学版），39 (3)：313-317.

吴乃虎. 2001. 基因工程原理，2 版. 北京：科学出版社：117-119.

杨吉吉，李太华，徐维明. 2000. 微生物学免疫学进展，28（2）：69-72.

杨建雄. 2002. 生物化学与分子生物学实验技术教程. 北京：科学出版社：193-194.

Desm it M H，Van Duin J. 1994. A quantitative analysis of literature data. J Mol Biol，244（2）：144-150.

Graslund S，Nordlund P，Weigelt J，et al. 2008. Protein production and purification. Nat Methods，5（2）：135-146.

Grosjean H，FiersW. 1982. Preferential codon usage in prokaryotic genes：the optimal codon-anticodon interaction energy and the selective codon usage in efficiently expressed genes. Gene，18：199-209.

Sambrook J，Russell D W. 2001. Expression of cloned genes in Escherichia coli，in Molecular Cloning：A Laboratory Manual 15. New York：Cold Spring Harbor Laboratory Press，4-15.

Srinivasan G，James C M，Krzycki J A. 2002. Pyrrolysine encoded by UAG in Archaea：charging of a UAG-decoding specia lized tRNA Science，296（5572）：1459-1462.

Sung W L，Zahab D M，Barbier J R，et al. 1991. Expression of egasyn-esterase in mammalian cells. Sequestration in the endoplasmic reticulum and complexation with beta-glucuronidase. J Biol Chem，266（5）：2831-2835.

第四章 Annexin V-EGFP 重组蛋白质的应用检测

实验 12　SDS-聚丙烯酰胺凝胶电泳分离蛋白质

为验证含目的基因的载体在已转化和诱导的细胞中是否表达，表达的蛋白质分子质量大小是否正确等问题，需要进行蛋白质水平的检测。十二烷基硫酸钠聚丙烯酰胺凝胶电泳（sodium dodecyl sulfate-polyacrylamide gel electrophoresis，SDS-PAGE）是对蛋白质进行定性及半定量检测的一种简单、快速、重复性好的方法。其原理是 SDS 和还原试剂能将蛋白质分子解聚成亚基，然后蛋白质亚基在恒定 pH 的缓冲系统中进行分离。该方法主要用于测定蛋白质亚基的分子质量大小，并可对其进行定性和半定量的比较。SDS-PAGE 方法与光散射、渗透压、超速离心（蔗糖密度梯度离心、沉降平衡技术）及层析方法（凝胶过滤）相比，它不需要昂贵的仪器设备，操作比较简便，对蛋白质样品的量和纯度要求不高，有较好的重复性，是目前公认蛋白质分离最普遍也最好的方法。

1. 实验目的

了解 SDS-PAGE 的分析原理，掌握垂直电泳仪的操作方法，学习 SDS-PAGE 检测表达蛋白质的方法和技术。

2. 实验原理

带电物质在电场中向带有异相电荷的电极移动的现象称为电泳。十二烷基硫酸钠（SDS）是一种阴离子去污剂，能够断裂分子内和分子间的氢键和疏水键，破坏蛋白质的二级结构。将蛋白质样品同含有 SDS 以及 β-巯基乙醇或二硫苏糖醇（DTT）的上样缓冲液一起加热，在 100℃ 处理 5min 后可以使蛋白质变性，肽链内部和之间的二硫键被还原，肽链被打开。打开的肽链靠疏水作用与 SDS 结合形成带负电荷的短棒状结构，SDS 的充分结合使蛋白质所带的负电荷大大超过了蛋白质分子原有的电荷，这消除了不同蛋白质分子之间的电荷差异，使蛋白质分子的电泳迁移不再受到原有电荷影响，而主要取决于蛋白质或亚基分子质量的大小。电泳时在电场作用下，蛋白质分子在凝胶中向正极迁移，不同大小的分子由于在迁移过程中受到的阻力不同而逐渐分开，其相对迁移率与分子质量的对数呈线性关系。实验证实当分子质量在 15～200kDa 时，蛋白质的迁移率和分子质量的对数呈线性关系，符合式：$\log MW = K - bX$，式中，MW 为分子质量，X 为迁移率，K、b 均为常数，若将已知分子质量的标准蛋白质的迁移率对分子质量对数作图，可获得一条标准曲线，未知蛋白质在相同条件下进行电泳，根据它的电泳迁移率即可在标准曲线上求得分子质量。现在已有许多商品化的蛋白质 marker，含有一系列纯化的不同分子质量大小的标准蛋白质，它们之间不会发生相互作用而且稳定性很好，在 SDS-PAGE 电泳实验中可以指示分子质量大小，从而推测或计算目的蛋白分子的大小。

由于 SDS 电泳分离并不取决于蛋白质的电荷密度，只取决于 SDS-蛋白质复合物的大小，因此聚丙烯酰胺凝胶（PAG）浓度的选择尤为重要。PAG 是由单体丙烯酰胺和双体 N，N'-甲叉双丙烯酰胺为材料，在催化剂过硫酸铵和增速剂 N,N,N',N'-四甲基乙二胺（TEMED）的作用下聚合交联形成的三维网状结构物质，其有效孔径的大小由丙烯酰胺的含量来调节。丙烯酰胺单体形成的线状聚合物只有经过双丙烯酰胺的交联后才能产生网状的结构，从而形成具有网状结构的凝胶。一般实验中使用的比例为双丙烯酰胺：丙烯酰胺＝1：29。检测不同分子质量范围的蛋白质应选用不同的凝胶浓度，交联度越大的凝胶孔径越小，分离的蛋白质分子质量也越小。一般凝胶的分离范围如表 4-1 所示。

表 4-1　凝胶浓度与分子质量测定的关系

凝胶浓度/%	5	10	15	20
分子质量范围/kDa	60～170	20～100	10～50	5～40

SDS-PAGE 有梯度连续胶和不连续梯度胶两种，其中常用的是不连续梯度胶。上层堆积胶浓度为 4.5% 或 5%，下层分离胶的浓度根据分离的蛋白分子大小选择合适的浓度，一般在 6%～15%。电泳过程中 Tris-甘氨酸缓冲液的 pH 是 8.3，分离胶中 Tris Buffer 的 pH 是 8.8，而堆积胶中 Tris Buffer 和样品缓冲液的 pH 为 6.8。在电泳开始时，由于上层堆积胶的 pH 为 6.8，在这种缓冲系统中，Cl^- 几乎全部解离，且迁移速率最快，形成了移动先导界面，而甘氨酸解离度较低，且迁移速率慢，形成了移动的尾随界面。在这两个界面之间，形成了一个电导率较低而电位梯度较陡的区域，蛋白质样品就在其中由高电势的驱动而向前移动。由于堆积胶比分离胶的丙烯酰胺浓度低很多，孔径也较大，大部分蛋白质在堆积胶中都以基本相同的速率向前移动，当蛋白质样品到达堆积胶和分离胶的分界面时，样品就会被压缩成非常窄的区带，实现蛋白质样品在堆积胶中的压缩，有利于蛋白质样品在后续的分离胶中的分离。当蛋白质样品接着进入分离胶时，缓冲体系 pH 升高，甘氨酸的解离度也增加，它的迁移速率也加快，从而穿过样品蛋白质紧随 Cl^- 在分离胶中继续向前移动。SDS-蛋白复合物也失去了高电势区域的驱动，转而在较稳定的 pH 缓冲体系中泳动。此时的分离胶孔径也比堆积胶小得多，样品迁移速率显著减慢，对不同大小的蛋白质分子来说，受到的阻力也不同。分离胶中的 SDS-蛋白复合物主要是依靠分离胶孔径大小对不同分子质量的蛋白质进行分离，实现分子筛效应。

蛋白质与 SDS 的结合程度是 SDS-PAGE 实验成功与否的关键。影响它们结合的主要因素有：蛋白质中的二硫键是否被完全还原、溶液中 SDS 单体的浓度、样品缓冲液的离子强度。蛋白质二硫键的还原是 SDS 结合蛋白质亚基的前提条件，样品缓冲液中强还原剂的作用就是使二硫键还原并不易再被氧化，从而使蛋白质中的二硫键彻底还原。为了保证蛋白质与 SDS 能充分地结合，它们的最佳质量比为（1：3）～（1：4）。当 SDS 单体浓度＞1mmol/L 时，多数蛋白质与 SDS 的结合质量比为 1：1.4，这样就可以在电泳时忽略蛋白质原本的带电量；当 SDS 单体浓度＜0.5mmol/L 时，两者的结合比只有 1：0.4，蛋白质原有的电荷差别就不能被忽略。所以，蛋白质与 SDS 单体的比例对电泳的结果影响很大，高温的处理有利于 SDS 与蛋白质的结合，实验中经常用金属浴或沸水浴处理蛋白质样品 5min。SDS 在较低的离子强度溶液中才具有较高的平衡浓度，所以样品缓冲液的离子强度范围一般在 10～100mmol/L。

3. 实验仪器与器材

垂直电泳装置；直流稳压电源；微量注射器；离心机；金属浴；大培养皿；摇床。

4. 试剂与配制

30％丙烯酰胺（Acr）：在通风橱中，称量丙烯酰胺 30g，甲叉双丙烯酰胺（Bis）0.8g，加蒸馏水至 100mL，过滤后置棕色瓶中，4℃储存可用 1～2 月。

操作员要注意自我保护，戴好口罩和手套。配制用的烧杯、过滤器、玻璃棒和量筒最好是专用的。

10％ SDS（十二烷基磺酸钠）：质量体积比为 1：10，用蒸馏水稀释至完全溶解，常温保存。

1.5mol/L pH8.8 Tris-HCl 缓冲液：称取 Tris 18.2g，加入适量水，用 1mol/L 盐酸调至 pH8.8，最后用蒸馏水定容至 100mL，过滤后常温保存。

1.0mol/L pH6.8 Tris-HCl 缓冲液：称取 Tris 12.1g，加入适量水，用 1mol/L 盐酸调 pH6.8，最后用蒸馏水定容至 100mL，过滤后常温保存。

0.05mol/L pH8.0 Tris-HCl 缓冲液：称取 Tris 0.6g，加入适量水，用 1mol/L 盐酸调 pH8.0，最后用蒸馏水定容至 100mL，过滤后常温保存。

10％过硫酸铵（AP）：质量体积比为 1：10，蒸馏水新鲜配制，4℃储存可用 1 周。

四甲基乙二胺：常温保存，通风橱内取用，有神经毒性且易挥发。

5×样品缓冲液（10mL）：0.6mL 1mol/L 的 Tris-HCl（pH6.8），5mL 50％甘油，2mL 10％的 SDS，0.5mL 巯基乙醇，1mL 1％溴酚蓝，0.9mL 蒸馏水。常温密封保存。

固定液：取 50％甲醇 454mL，冰醋酸 46mL 混匀。

染色液：称取考马斯亮蓝 R250 0.125g，加上述固定液 250mL，过滤后备用。

脱色液：冰醋酸 75mL，甲醇 50mL，加蒸馏水定容至 1000mL。

电极缓冲液（内含 0.1％ SDS，0.05mol/L Tris，0.384mol/L 甘氨酸缓冲液，pH8.3）：称 Tris 6.0g，甘氨酸 28.8g，加入 SDS 1g，加蒸馏水使其溶解后定容至 1000mL。

考马斯亮蓝 G250 染色液：100mg 考马斯亮蓝 G250 溶于 50mL 95％乙醇，加入 100mL 85％ H_3PO_4，蒸馏水稀释至 1000mL，滤纸过滤。最终试剂中含 0.01％（质量浓度）考马斯亮蓝 G250，4.7％（质量浓度）乙醇，8.5％（质量浓度）H_3PO_4。

5. 实验方法

1）样品的制备

① 将诱导表达后的菌体，重悬于 100μL PBS 缓冲液中，分别进行超声裂解（冰水浴中进行），每个样品超声 2～3s，处理 2min。

② 取超声后溶液适量留待制备菌体表达总蛋白质样品。4℃离心 12 000r/min 10min，分别获取超声上清和沉淀，然后超声上清（即可溶性蛋白质）采用 Bradford 法测蛋白质含量，调整浓度一致。超声离心后沉淀用适量 PBS 重悬。

③ 将菌体表达的总蛋白样品、超声上清、超声沉淀各取 20μL 与 5×样品缓冲液（20μL＋5μL）在一个 eppendorf 管中混合，放入 100℃加热 5min。

④ 常温离心 10 000r/min 1min，取适量上清准备上样。

2）分离胶及浓缩胶的制备

① 将玻璃板、样品梳、支架和垫条用洗涤剂洗净，用蒸馏水冲洗干净，晾干。

② 按照说明书提示装好玻璃板；灌胶前可以用蒸馏水检验是否漏胶，如果漏胶需要重新固定，如果不漏胶，需要放烘箱烘干后再灌胶。

③ 按如下体积配制 10%分离胶 8.0mL，混匀。

双蒸水	3.0mL
1.0 mol/L Tris-HCl pH8.8	2.1mL
30% Acr-Bis	2.8mL
10% SDS	80μL
10% AP	80μL
TEMED	6μL

每加一种试剂后轻轻混匀，尽量避免产生气泡。TEMED 最后加完后立刻灌胶。

④ 向玻璃板间灌制分离胶后立即覆一层蒸馏水（动作要轻缓），压平分离胶胶面并排除气泡，大约 20min 后胶即可聚合（胶与水层之间形成清晰的界面）。

⑤ 按如下体积配制 6%浓缩胶 3.0 mL，混匀。

双蒸水	2mL
1.0 mol/L Tris-HCl pH6.8	400μL
30%Acr-Bis	600μL
10% SDS	36μL
10% AP	36μL
TEMED	4μL

⑥ 将上层双蒸水倾去，滤纸吸干，灌制浓缩胶，插入样品梳。

3) 电泳

　　按说明书装好电泳系统，加入电极缓冲液，上样 $20\mu L$，稳压 80V 进行浓缩胶电泳，待蛋白质样至下层分离胶时，调至稳压 120V 进行电泳，溴酚蓝刚跑出分离胶时，停止电泳，约需 1h。

4) 染色及脱色

　　① 电泳结束后，用专用撬板撬开玻璃板，将凝胶板做好标记后放入大培养皿，加入染色液，室温置摇床染色 1～2h。

　　② 脱色。染色后的凝胶用蒸馏水漂洗数次，再用脱色液脱色，置于脱色摇床上，每 20min 更换一次脱色液，直到蛋白质区带清晰。随后可以用蒸馏水漂洗。

　　③ 染色液和脱色液不可直接倒至水池内，必须用废液瓶收集，集中定期由专门机构处理。

5) 实验结果分析

　　① 观察凝胶上的蛋白质泳道的条带，与对照样品进行比较，找到差异表达的蛋白质条带。分析 Annexin V-EGFP 表达蛋白的可能性条带位置。

　　② 如确定已诱导表达后，进一步分析外源基因 Annexin V-EGFP 的可溶性表达程度，即比较超声上清和沉淀中蛋白质条带的染色差异。

　　③ 计算外源表达蛋白的分子质量，初步确定蛋白质表达的正确性。对照商业化蛋白质标准物，以每个蛋白质标准的分子质量对数对它的相对迁移率作图得标准曲线，量出未知蛋白质的迁移率即可测出其分子质量，这样的标准曲线只对同一块凝胶上的样品的分子质量测定才具有可靠性。

6. 注意事项

　　① 固定玻璃板时，两边用力一定要均匀，防止夹坏玻璃板。大小玻璃板底部要对齐，安装在支架上时要置于垫条的中间，防止漏胶。

　　② 丙烯酰胺单体及溶液是中枢神经毒物并易于吸附皮肤上，有累积效应，操作时要小心，戴手套。如果接触了丙烯酰胺，应立即用肥皂水冲洗。

　　③ 凝胶配制过程要迅速，催化剂 TEMED 要在注胶前再加入，否则凝胶凝固太快而无法注胶。注胶过程要尽量避免产生气泡。

　　④ 10% AP 尽量现配现用，如要长期保存可以分装后保存至 $-20℃$，最多不能超过 1 个月。

　　⑤ 样品梳需一次平稳插入，梳口处不得有气泡。

⑥ 注射器加样时，不可刺破胶体；也不可过高，样品容易发生扩散或溢出加样孔。

⑦ 电泳时，注意观察是否有电流，电泳方向是否正确，以防电源接触不好或弄错电极。

⑧ 剥胶时要小心，尽量保持凝胶完好无损。

⑨ 要注意 SDS 与蛋白质的比例，SDS 和蛋白质的结合要完全，否则电泳结果有误差。

⑩ 有的蛋白质，如分子质量太小或太大，电荷或结构异常的，不能采用该方法测定分子质量大小。

7. 讨论

① 根据 SDS 电泳原理，样品缓冲液中必须含有 3～4 倍于蛋白质的 SDS 和还原试剂（2％二硫苏糖醇或 5％巯基乙醇）。

② 电泳中出现不规则的蛋白质迁移带，如有竖状蛋白质条带，可能是蛋白质样品上样浓度过高，或者是样品中的盐浓度过高，可稀释后上样。

③ 正常电压下电流过低、电泳速度过慢，可能电泳缓冲液不适合，正确配制新鲜的电泳缓冲液，使用 1× 电泳缓冲液。

④ 纹理和拖尾现象。由于样品溶解性较差引起，克服的方法可以在加样前离心，增加一些增溶辅助试剂，如尿素。

⑤ 指示剂成微笑符号（指示剂前沿呈现向上的曲线形），说明凝胶的不均匀冷却，中间部分冷却不好，导致分子有不同的迁移率所致。

⑥ 如果要提高检测灵敏度，可采用蛋白质银染。蛋白质条带的银染是基于蛋白质中各种基团（如巯基、碳基等）与银的结合，检测极限是 2～5.0ng/蛋白质条带。SDS-PAGE 电泳，银染检测蛋白质的水平是在 100ng 左右，与考马斯亮蓝染色比较，银染加样量要少，否则难以得到清晰的电泳分辨率。

8. 思考题

① 样品液为何在加样前需在沸水中加热几分钟？

② 蛋白质电泳上样缓冲液的配方及其各种成分的作用分别是什么？

③ 如何分析 SDS-PAGE 结果来检测外源蛋白质的诱导表达？

实验 13 蛋白质转移印迹法检测 Annexin V-EGFP 基因表达

蛋白质印迹法（Western blotting）是把 SDS-PAGE 电泳分离的蛋白质从凝胶转移至一种固相支持物上，然后通过抗体和特异性抗原表位的识别与结合，检测固相支持物上的靶蛋白。这一技术的灵敏度较高，能达到标准的固相放射免疫分析的水平而又避免了放射性标记的危害。此外，由于蛋白质的电泳分离几乎总在变性条件下进行，因此，溶解、聚集以及蛋白质沉淀等诸多问题都可以解决。

Western blotting 技术应用广泛，除了非常有效地鉴定某一蛋白质（或表位）的性质，还能够应用于其他多种技术中，如免疫沉淀法（分析蛋白质之间的相互作用）结构域分析，功能实验中蛋白质复性，抗体纯化，膜上收获蛋白质条带制备抗体，氨基酸组成分析和序列分析。极微量蛋白质（10pmol）转移到 PVDF 膜上或可进行氨基酸组成分析和序列分析，即转移的蛋白质或多肽条带可经考马斯亮蓝染色后切下进行氨基酸组成分析或序列分析等。

1. 实验目的

进一步熟悉 SDS-PAGE 操作；了解 Western blotting 的基本原理，学习和掌握 Western blotting 实验技术。

2. 实验原理

Western blotting 采用的是聚丙烯酰胺凝胶电泳，被检测物是蛋白质，"探针"是抗体，"显色"用标记的二抗。经过 PAGE 分离的蛋白质样品，转移到固相载体（如硝酸纤维素薄膜或 PVDF 膜）上，固相载体以非共价键形式吸附蛋白质，且能保持电泳分离的多肽类型及其生物学活性不变。以固相载体上的蛋白质或多肽作为抗原，与对应的抗体起免疫反应，再与酶或同位素标记的第二抗体起反应，经过底物显色或放射自显影以检测电泳分离的特异性目的基因表达的蛋白质成分。该技术广泛应用于检测蛋白质的表达水平。

一般来说，最常用的报告基团或标记物是各种偶联酶，如辣根过氧化物酶（HRP）、碱性磷酸酶（AP）等，通过与底物发生显色或发光反应进行检测。现在还有荧光标记的二抗，可以不用和底物显色，避光状态下孵育二抗后洗涤即可直接用荧光检测装置拍照记录结果。通常最常用的是底物化学发光法，其原理：当二抗用 HRP 标记，加入反应底物过氧化物和鲁米诺，即发光，可使胶片曝光，就可洗出条带。其基本流程如图 4-1 所示。

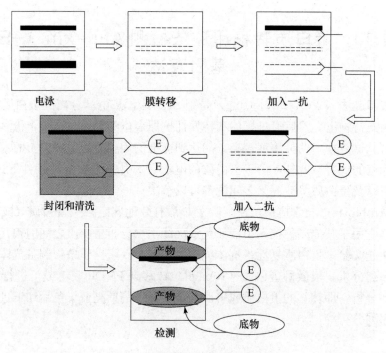

图 4-1　蛋白质转移印迹法示意图

　　基因工程表达的待测蛋白质既可以是粗提物也可以经过一定的分离和纯化，通过 Western blotting 的抗原-抗体特异性地验证才能真正确认其表达纯化产物的正确性。

3. 实验试剂

　　SDS-PAGE 凝胶配制和电泳相关试剂参考实验 12。

　　转移缓冲液：配制 1L 转移缓冲液，需称取 2.9g 甘氨酸、5.8g Tris 碱、0.37g SDS，并加入 200mL 甲醇，加水至总量 1L。

　　丽春红染液储存液：丽春红 S 2g；三氯乙酸 30g，磺基水杨酸 30g，加水至 100mL，用时上述储存液稀释 10 倍即成丽春红 S 使用液。使用后应予以废弃。

　　脱脂奶粉 5％（质量分数），用 TBST 配制，可用于抗体稀释液。

　　Tris 缓冲盐溶液（TBS）：20mmol/L Tris-HCl（pH7.5），500mmol/L NaCl。

　　TBST：TBS 中加入终浓度为 0.5％的 Tween20。

　　anti-GFP 抗体（兔源多抗）。

　　anti-rabbit IgG 过氧化物酶标记的二抗。

　　ECL 底物发光液。

4. 实验仪器

垂直板电泳槽；电转移装置；稳压稳流电泳仪；PVDF 膜；镊子；密封塑料袋

5. 实验步骤

1）电泳

（1）SDS-PAGE 凝胶配制

SDS-PAGE 凝胶制备参考《分子克隆实验指南》。

（2）样品处理

在收集的蛋白质样品中加入适量 5×SDS-PAGE 蛋白质上样缓冲液。100℃或沸水浴加热 5min，以充分变性蛋白质。

（3）上样与电泳

冷却到室温后，蛋白质样品 10 000r/min 离心 1min 后直接上样到 SDS-PAGE 胶加样孔内。为了便于观察电泳效果和转膜效果，以及判断蛋白质分子质量大小，最好使用预染蛋白质分子质量标准。通常电泳时溴酚蓝到达胶的底端处附近即可停止电泳，或者可以根据预染蛋白质分子质量标准的电泳情况，预计目的蛋白已经被适当分离后即可停止电泳。

2）转膜（半干法）

① 用撬板小心取下 SDS-PAGE 胶浸泡在转膜缓冲液中，根据胶的大小剪取 8 张滤纸（略小于胶）浸泡转膜缓冲液中，按相同大小剪张 PVDF 膜先用甲醇浸润后同样浸泡在转膜缓冲液中平衡。

② 通常如果使用半干式转膜装置，设定转膜电压为 10V，转膜时间为 60min。在装置的正极面板上叠放转膜"三明治"，顺序为 4 张滤纸──→PVDF 膜──→PAGE 胶──→4 张滤纸。叠放过程中要小心不要撕破滤纸或膜，保持胶的完整，叠放每一层都要尽量平整，用玻璃棒排气泡。转膜模式如图 4-2 所示。

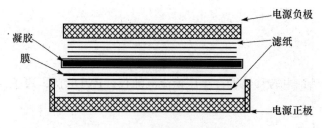

图 4-2　转膜装置简化图

③ 转膜的效果可以用丽春红染色液对 PVDF 膜进行染色，以观察实际的转膜效率。也可以用考马斯亮蓝染色液对完成转膜的 SDS-PAGE 胶进行染色，以观察蛋白质的残留情况。

3）封闭

转膜完毕后，立即把 PVDF 膜浸泡到预先准备好的 5％脱脂奶粉封闭液中，摇床室温封闭 60min。封闭液可以封闭膜上没有蛋白质结合的部分，防止后续实验中抗体的非特异性结合。

4）一抗孵育

参考一抗的说明书，按照适当比例使用抗体稀释液，一般为 5％脱脂奶粉或 BSA，稀释一抗。将膜放入密封袋中，立即加入稀释好的一抗，室温或 4℃在侧摆摇床上缓慢摇动孵育 1h（如果一抗孵育效果不佳，可以 4℃孵育过夜）。

一抗孵育结束后，取出膜放入小盒中，加入 TBST 洗涤，每次 5～10min，洗涤 3次。如果结果背景较高可以适当增加一抗稀释比例，延长洗涤时间并增加洗涤次数。

5）二抗孵育

参考二抗的说明书，按照适当比例用抗体稀释液稀释 HRP 标记的二抗。二抗需根据一抗进行选择，例如，一抗是鼠 IgG，则二抗需选择鼠抗 IgG 的二抗，如 HRP-羊鼠抗 IgG（H＋L）。

洗涤好一抗的膜放入密封塑料袋，立即加入稀释好的二抗，室温在侧摆摇床上缓慢摇动孵育 1h。然后，取出蛋白膜进行洗涤，每次 5～10min，洗涤 3 次。如果结果背景较高可以适当增加二抗稀释比例，延长洗涤时间并增加洗涤次数。

6）蛋白质检测

参考相关说明书，使用 ECL 类试剂来检测蛋白质，现配混合 A、B 发光液，稀释到工作浓度。取出膜，用吸水纸去除表面多余的液体，然后正面向上平放在薄膜上，滴加 ECL 底物工作液，等待 1～2min 后，用吸水纸去掉多余液体，然后包上薄膜，放入压片暗盒。

7) X 光片曝光显影

暗室里，取出胶片覆盖在膜上，关闭暗盒，等待 1～5min。然后，取出胶片立即浸入到显影液中 1～2min，清水漂洗后放入定影液中至底片完全透明定影，清水漂洗干净晾干后进行扫描和结果分析。

6. 注意事项

① 玻板一定要洗干净，否则会发生凝胶漏液或胶面不平的现象。

② 转膜过程中，应戴手套，避免手上的油脂污染膜，干扰蛋白质的转移。

③ 从转膜完毕后所有的步骤，一定要注意保持膜的湿润，否则极易产生较高的背景。

④ 转膜时注意尽量赶掉所有气泡，有气泡的地方转膜会受影响，导致不均匀或转不上。

⑤ 对于一些背景较高的抗体，如多克隆抗体或是抗血清，可以 4℃封闭过夜，增加封闭的时间，增加洗涤的时间和次数。

7. 讨论

① 高浓度的蛋白质上样缓冲液可以减小上样体积，在相同体积的上样孔内可以上样更多的蛋白质样品。

② 电泳时通常推荐在上层胶时使用低电压恒压电泳，而在溴酚蓝进入下层胶时使用高电压恒压电泳。对于 Bio-Rad 的标准电泳装置或类似电泳装置，低电压可以设置在 70～100V，高电压可以设置在 120V 左右。为了电泳方便起见，也可以采用整个 SDS-PAGE 过程恒压的方式，通常把电压设置在 100V，然后设定定时时间为 90～120min。设置定时可以避免经常发生的电泳超时。

③ Western blotting 实验中选用 PVDF 膜比硝酸纤维素膜（NC 膜）好些，因为硝酸纤维素膜比较脆，在操作过程中特别是用镊子夹取等过程中容易裂开。PVDF 膜可以反复使用多次，方便在同一张膜上检测多个蛋白质。

④ 具体的转膜时间要根据目的蛋白的大小而定，目的蛋白的分子质量越大，需要的转膜时间越长，但时间不可过长，防止把膜转干。

⑤ 如果 Western blotting 结果出现背景高的现象，一般可考虑下列因素：膜没有均匀浸湿；膜或缓冲液污染；封闭不充分；抗体与封闭剂出现交叉反应；抗体浓度过高；

洗涤不够等。

8. 思考题

　① 概述 Western blotting 实验的基本原理。
　② 根据实验体会，如何做好蛋白质的 Western blotting？哪些是关键？

实验 14　流式细胞仪检测凋亡细胞

　　细胞凋亡过程中磷脂酰丝氨酸（phosphatidylserine，PS）的外翻是一种特征性变化。Annexin V 可以特异性地和 PS 结合，利用这一特性，将 Annexin V 和 EGFP 基因融合克隆表达纯化后，可以应用于凋亡细胞的标记和流式细胞仪的检测。凋亡的细胞可以用多种方法检测：形态学观察（如光学显微镜、透射电子显微镜等）；Annexin V 分析法；线粒体膜势能的检测；DNA 片段化检测；TUNEL 法（核苷酸末端转移酶介异的 dUTP 缺口翻译法）；Caspase 3（半胱氨酸蛋白酶 3）活性检测；凋亡相关蛋白质的检测和定位等。PS 外翻发生在凋亡细胞的早期，而 Annexin V 是一种分子质量为 $35\sim36$kDa 的 Ca^{2+} 依赖性磷脂结合蛋白，与 PS 有很高的亲和力。碘化丙啶（propidium iodide，PI）是一种不能透过完整细胞膜的核酸染料，凋亡晚期或是坏死的细胞就会被 PI 染红，因此 Annexin V 和 PI 的共同使用可以区分凋亡早期和晚期坏死的细胞。Annexin V/PI 双染法检测细胞凋亡使用广泛，具有简单快速、定量准确、重复性好等优点。

1. 实验目的

　　掌握用 Annexin V/PI 双染法检测凋亡细胞的原理，学习细胞收集和标记的实验操作技术；了解流式细胞仪的基本原理和结构，学习用流式细胞术检测凋亡细胞的实验方法。

2. 实验原理

1) Annexin V/PI 双染法检测细胞凋亡

　　细胞凋亡普遍发生于生物的生理和病理状态下，在凋亡过程中细胞会先后发生特征性的变化：线粒体膜电位的丧失、细胞膜 PS 的外翻、细胞核凝缩和断裂，最终导致凋亡小体的出现，细胞发生凋亡。

　　磷脂酰丝氨酸是细胞膜磷脂双分子层中的一种组成成分。在正常细胞中只分布在细胞膜脂质双层的内侧，细胞凋亡早期时，PS 从细胞膜内翻转到细胞膜外。Annexin V 是一种 Ca^{2+} 依赖的磷脂结合蛋白，最初发现是一种具有很强的抗凝血特性的血管蛋白，它与 PS 有很高的亲和力。利用从胎盘上分离得到的 Annexin V 蛋白可与凋亡早期细胞的膜外侧暴露的 PS 特异性结合，因此标记了荧光素（EGFP、FITC）的 Annexin V 可作为荧光探针，利用流式细胞仪或荧光显微镜检测早期凋亡细胞，这种检测方法被作为细胞早期凋亡的灵敏指标之一。EGFP 绿色荧光信号具有信号强、稳定性高等优点。

　　PS 转移到细胞膜外不是凋亡所独有的，也可发生在细胞坏死中。两种细胞死亡方式间的差别是在凋亡的初始阶段细胞膜是完好的，而细胞坏死在其早期阶段细胞膜的完整性就破坏了。因此，可以结合另一种试剂以检测细胞膜的完整性。碘化丙啶是一种核酸染料，它不能透过完整的细胞膜，但对凋亡中晚期的细胞和死细胞，PI 能够透过破损的细胞膜而使细胞核染红。因此将 Annexin V 与 PI 匹配使用，就可以很好地区分活细胞、凋亡细胞和坏死细胞。

2）流式细胞术

　　流式细胞术（flow cytometry，FCM）是集计算机科学、激光技术、流体力学、单克隆抗体、荧光化学、细胞化学、细胞免疫学等高技术于一体，具有分析和分选细胞功能的一种尖端技术。它可测量细胞大小、内部颗粒度，检测细胞表面和内部的抗原、DNA、RNA 等，在细胞生物学、生物化学、免疫学、肿瘤学、药物学、分子生物学、血液学以及临床检测等领域被广泛应用。

　　流式细胞仪主要由以下五部分构成：①流动室及液流驱动系统；②激光光源及光束形成系统；③光学系统；④信号检测与存储、显示、分析系统；⑤细胞分选系统。

　　流式细胞技术，主要是测量群体中单个细胞经适当染色后其成分所发出的散射光和荧光，经荧光染色的样品悬液，在一定压力下进入流动室，排成单列的细胞，经过与入射激光束相交的焦点时，细胞被激发出一束散射光或荧光。它们经过光学系统收集到一个光电检测器，定量转化成电信号，经数字转换器进行数字化后进行存储，数据可以显示和进行分析。光学系统中的阻断滤片用于阻挡激发光，二色分光镜及另一些阻断滤片则用于选择荧光波长。荧光检测器为光电倍增管。散射光检测器是光电二极管，用以收集前向散射光。测定的结果用单参数直方图、双参数散点图、三维立体图和等高图来表示。

　　流式细胞仪能够分选某一亚群细胞，分选纯度＞95％。利用流式细胞仪分选免疫细胞进行免疫学研究目前运用较广泛。目前细胞分选主要用于研究，临床应用较少。细胞分选原理：由超声振荡器产生高频振荡，把喷嘴喷出的细胞液流断裂成一连串的均匀小液滴，有的液滴含有细胞。细胞在形成液滴前，光学系统已检测了它们的信号，如果发现是要进行分选的细胞，仪器则在这个细胞刚形成液滴时，给整个液流充以短暂的正电荷或负电荷。当该液滴离开液流后，其中被选定细胞的液滴就带有电荷，而不被选定的细胞液滴则不带电。带有正电或负电的液滴通过高压偏转板时发生向阴极或向阳极的偏转，从而达到分类收集细胞的目的。

3）BD FACSCalibur 流式细胞仪简介

（1）电源开关

　　BD FACSCalibur 仪器右侧下方。

（2）光学系统

配有一支波长 488nm 的氩离子激光器；FSCDiode 只收 488nm 波长散射光；SS-CPMT 只收 488nm 波长散射光；FL1PMT 荧光光谱峰值落在绿色范围（波长 515～545nm）；FL2PMT 荧光光谱峰值落在橙红色范围（波长 564～606nm）；FL3PMT 荧光光谱峰值落在深红色范围（波长＞650nm）。

（3）仪器面板

三个流速控制：LO，样品流速为 12mL/min；MED，样品流速为 35mL/min；HI，样品流速为 60mL/min。

三个功能控制：RUN，此时上样管加压，使细胞悬液从进样针进入流动室（正常显示绿色；黄色时表示仪器不正常，请检查是否失压）；STANDBY，无样品或暖机时之正常位置，此时鞘液停止流动，激光功率自动降低；PRIME，去除流动室中的气泡，流动室施以反向压力，将液流从流动室冲入样品管，持续一定时间后，PRIME 结束，仪器恢复 STANDBY 状态。

（4）储液箱抽屉

在主机左下方为储液箱抽屉。可向前拉开，内含鞘流液筒、废液筒、鞘液过滤器（sheath filter）及空气滤网（air filter）。

（5）上样品区

上样品区是样本管的上样位置，包括三个部分：进样针（sample injection tube），将样本输入流动室；支撑架（tube support arm）；液滴存留系统（droplet containment system）。

（5）Macintosh 计算机与打印机

用于调控程序，记录和处理数据。

3. 实验试剂

PBS（1L）：NaCl 8.5g，KCl 0.2g，$Na_2HPO_4 \cdot 12H_2O$ 2.85g，KH_2PO_4 0.27g，调节 pH 至 7.2，用双蒸水定容至 1L，灭菌后室温储存备用。

细胞用胰酶（5L）：$EDTANa_4$ 0.02% 1g，胰酶 0.25% 12.5g，用 PBS 溶解，

NaOH 调 pH 至 7.2，定容至 5L，滤器过滤后 4℃储存备用。

碘化丙锭：用 PBS 稀释到 50μg/mL 备用。

Annexin Ⅴ-EGFP：Annexin Ⅴ 由大肠杆菌表达，使用时用结合缓冲液稀释至终浓度为 1μg/mL 的 Annexin Ⅴ-EGFP 标记溶液。

结合缓冲液（10×）：HEPES，pH7.4 0.1mol/L，NaCl 1.4mol/L，CaCl$_2$ 25mmol/L，用去离子水稀释到 1×工作液备用。

4. 实验仪器

流式管；低温离心机；微量移液器；BD FACSCalibur 流式细胞仪

5. 实验步骤

1）样品制备

① 细胞培养和刺激诱导凋亡。

② 细胞收集：a. 悬浮细胞直接收集到离心管中；b. 贴壁细胞先去除培养液，用预冷的 PBS 洗涤一遍，加胰酶消化 2min，用含血清的培养液终止胰酶作用，收集细胞，每样本细胞数控制在（1～10）×10^6/mL，2000r/min 离心 5min，弃去培养液。

③ 用预冷的 PBS 洗涤细胞 1 次，2000r/min 离心 5min，弃上清。

④ 用结合缓冲液洗涤细胞 1 次，2000r/min 离心 5min，弃上清。

⑤ 配制标记溶液：用结合缓冲液稀释至终浓度为 1μg/mL 的 Annexin Ⅴ-EGFP，用 400μL 的标记溶液重悬细胞，室温下避光孵育 10min。

⑥ 每管再加入 PI（终浓度 1μg/mL），将细胞转移到流式管。细胞在 1h 内用流式细胞仪分析。

2）流式细胞仪分析

① 先打开电源开关启动仪器，再打开计算机。流式细胞仪激发光波长采用 488nm 的氩离子雷射，EGFP 绿色荧光用 FL1 channel 检测，FL1PMT 荧光光谱峰值落在绿色范围（波长 515～545nm），PI 红色荧光用 FL3 channel 检测，FL3PMT 荧光光谱峰值落在深红色范围（波长＞650nm）。

② 正确分析 Annexin Ⅴ-EGFP/PI 双染的细胞前，要求仪器的荧光补偿去除两种染料激发光之间的叠加。用设置对照管的方式，调节流式细胞仪的参数，有两种方法。

方法一：a. 以 Annexin Ⅴ-EGFP 的荧光强度为 X 轴，PI 的荧光强度为 Y 轴建立的散点图；b. 用十字门将图像分为 4 个象限（正常情况下细胞可分成三个亚群：正常活细胞 Annexin Ⅴ、PI 均低染；凋亡早期细胞 Annexin Ⅴ 高染、PI 低染；凋亡中晚期细胞和坏死细胞 Annexin Ⅴ/PI 均高染）；c. 分别调节 FL1 和 FL3 的电压，使正常活细胞群位于散点图左下方，使凋亡细胞群的水平位置和正常活细胞群基本一致，而死亡细胞群和凋亡细胞群的垂直位置尽量一致。

方法二：分别设置对照管，a 管为空白对照管，只加细胞，可认为正常活细胞，用于调节参数使之处于活细胞所在左下方位置；b 管中细胞单染 Annexin Ⅴ-EGFP，该管中细胞只有可能和 Annexin Ⅴ-EGFP 结合，可调节 FL3 补偿值使细胞在 Y 轴上的平均荧光强度相同；c 管中细胞单染 PI，该管中细胞只能和 PI 结合，可调节 FL1 补偿值使细胞在 X 轴上的平均荧光强度相同。

③ 上样 a 管细胞，在线性 FSC-SSC 散点图上显示细胞，并用门圈出绝大部分细胞群体。

④ 建立对数 FL1-FL3 散点图，并对上一步中圈出的细胞进行分析，调节参数，使绝大部分细胞处在左下象限中心区域。

⑤ 上样 b 管细胞，调节 FL3，使细胞在 Y 轴上的平均值相同；上样 c 管细胞，调节 FL1，使细胞在 X 轴上平均值相同。

⑥ 依次上样待检测样品并分析结果。检测过程中可适当调节十字门的位置，使其在各细胞群分界处。

6. 注意事项

① 细胞操作要小心，避免人为的细胞损伤。贴壁细胞用胰酶消化不当，会引起假阳性，而细胞刮会造成细胞黏连成团，不易形成单细胞悬液，影响检测。

② 细胞样品中含有血小板，如血液样品，则需要使用含 EDTA 的缓冲液洗去。因为血小板含有 PS，会干扰实验结果。

③ PI 有毒，要有自我保护意识。操作时要戴手套，避免接触皮肤和污染环境。

④ 实验过程中接触过的枪头、手套、离心管都要集中收集，实验结束后丢弃。

⑤ Annexin Ⅴ-EGFP、PI 都是光敏物质，应 4℃ 避光保存，使用时要注意避光。

⑥ 用流式细胞检测时，适宜的细胞数量为 $(1\sim10)\times10^5$ 个，建议每次实验都要设置阴性对照、阳性对照和补偿对照。

⑦ 诱导细胞凋亡时，所用药物、诱导方法和处理时间都需要摸索，不同的细胞也有所差别。

⑧ 细胞浓度与标记用的蛋白质、PI 的量要适宜。

⑨ 细胞凋亡是动态的过程，样品准备好后要尽快进行分析，一般在 1h 内就要用流式细胞仪检测完毕。

7. 扩展

细胞凋亡过程可以分为启动期、凋亡早期、凋亡中期和凋亡晚期。细胞内依次发生了一系列事件：①Caspase 酶被激活，剪切一系列细胞内的结构蛋白、调节蛋白和DNA 修复蛋白；②核染色质凝缩；③线粒体被激活，线粒体膜电位丧失和细胞色素 c

从线粒体释放；④细胞 PS 的外翻，这是细胞凋亡早期的最明显标志；⑤核碎片的形成以及 DNA 在核小体连接处断裂成低分子质量（180~200bp）的片段，这是细胞凋亡中晚期的标志；⑥最终细胞膜包裹形成凋亡小体，细胞发生凋亡。凋亡小体在组织中很快被邻近组织细胞吞噬，并在溶酶体中被降解。

以上事件只是人为划分的过程，便于理解细胞的整个凋亡过程和各事件发生的前后顺序，但在细胞内部实际是动态的，没有严格的限制。

有的凋亡细胞可能并没有典型的凋亡特征，如 DNA 提取进行电泳所见的 DNA 梯状电泳条带，电镜观察的染色体聚集、凋亡小体等，但某些指标比较稳定，如 PI 染色及 TUNEL 法，所以可以根据具体情况用不同的方法检测。目前，Annexin V/PI 双染法是最为理想也是被广泛采用的检测细胞凋亡的方法。单用 Annexin V 染色法不能区分早期和晚期凋亡细胞，单用 PI 染色检测法在固定时会造成的细胞碎片过多而且同样也不能区分凋亡和坏死细胞，而用 TUNEL 法会在固定时有 DNA 片段丢失。由于 Annexin V/PI 双染法不需要固定细胞，而且能很好地区分活细胞、凋亡细胞和坏死细胞，这种方法检测凋亡细胞很方便，结果也更可靠。根据细胞凋亡发生各事件时序性，细胞膜上的 PS 外翻早于 DNA 断裂的发生，因此 Annexin V/PI 双染法检测早期细胞凋亡比 TUNEL 法更灵敏。

目前市场上有很多的 Annexin V 产品。其中有带荧光标记的 Annexin V-EGFP 和 Annexin V-FITC，可以直接用流式细胞仪检测，还有生物素偶联的 Annexin V，可通过酶联显色方法来检测。现在还有用磁珠包被的 Annexin V，可采用磁分选方法筛选凋亡细胞。

8. 思考题

① 实验中所用 BD FACSCalibur 流式细胞仪的光学系统中有 FL1、FL2、FL3 三个发射检测通道，为什么在本实验中选择 FL1 和 FL3 通道较好？
② 用 Annexin V/PI 双染法结合流式细胞术进行细胞凋亡检测有哪些优点？

实验 15　荧光显微镜检测

细胞核染色质形态学的改变可以作为细胞凋亡进程的指标，用 DNA 的特异性染料，如 Hoechst、DAPI，在紫外激发时可以发生明亮的蓝色荧光。一些在细胞凋亡过程中发生分布改变的蛋白质也可以用荧光蛋白或染料等标记，进而用荧光显微镜观察细胞的状态。

1. 实验目的

学习荧光显微镜的正确使用和操作方法；熟悉凋亡细胞的形态学特征，学习用荧光显微镜检测法观察和检测凋亡细胞。

2. 实验原理

荧光显微镜是细胞免疫荧光的基本工具，用于研究细胞内物质的吸收、运输、分布及定位等。细胞中有些物质本身受激发后就能产生荧光，如叶绿素，受紫外线照射后可发荧光；还有一些物质本身不能产生荧光，需要用荧光染料染色或荧光抗体特异性结合后，经紫外激发荧光。通过这种方法，我们就可以观察到目标蛋白或目标物的状态及分布情况等。荧光显微镜由光源、滤板系统和光学系统等主要部件组成。

细胞凋亡过程中细胞核染色质的形态学改变分为三期：I 期细胞核呈波纹状，部分染色质出现浓缩；II 期细胞核染色质高度凝聚、边缘化；III 期细胞核裂解，产生凋亡小体。用 DNA 的特异性染料，如 Hoechst、DAPI，可以结合在 DNA 的 AT 区域，在紫外激发时可以发生明亮的蓝色荧光。细胞在早期凋亡时，外翻的 PS 可以和 Annexin V-EGFP 特异性结合，用荧光显微镜也可以观察到细胞表面染色的情况。

荧光显微镜的结构和主要部件。

① 光源。采用 200W 的超高压汞灯作光源，它发射很强的紫外和蓝紫光，可以激发各类荧光。

② 滤色系统。滤色系统是荧光显微镜的重要部位，由激发滤板和压制滤板组成。主要作用是提供相应波长范围的荧光。

③ 反光镜。反光镜是镀铝的平面反光镜，反射率大于 90%。

④ 聚光镜。聚光器是用石英玻璃或其他透紫外光的玻璃制成。有明视野聚光器、暗视野聚光器、相差荧光聚光器。

⑤ 物镜。有不同的放大倍数，可以根据需要，选择适当的物镜。

⑥ 目镜。荧光显微镜多为双筒目镜，便于观察。

⑦ 落射光装置。落射光装置是从光源来的光射到干涉分光滤镜后，短波长的光由于滤镜上镀膜的性质而反射，垂直射向物镜，经物镜射向标本，使标本受到激发，这时物镜直接起聚光器的作用。同时，长波长的光对滤镜是可透的，由于标本的荧光处在可见光波长区域，可透过滤镜而到达目镜观察，同时可通过电子显像管，在电脑上成像，便于拍照和记录。

3. 实验试剂

PBS（1L）：NaCl 8.5g，KCl 0.2g，$Na_2HPO_4 \cdot 12H_2O$ 2.85g，KH_2PO_4 0.27g，调节 pH 至 7.2，用双蒸水定容至 1L，灭菌后室温储存备用。

70%乙醇：用灭菌双蒸水将无水乙醇稀释至 70%。

封片液：用双蒸水稀释甘油至 60%。

4. 实验仪器

低温离心机；微量移液器；载玻片和盖玻片；Carl Zeiss Axioplan 2 倒置荧光显微镜

5. 实验步骤

1) 样本制备

① 根据实验 14 中的样品制备步骤准备待测样品，滴一滴上述细胞样品于载玻片上，并用盖玻片盖上，荧光显微镜观察。

② 贴壁细胞也可直接用盖玻片来培养细胞。

a. 培养板中放入盖玻片 70%乙醇处理，烘干，冷却后，铺细胞使融合度达到 40%～50%，培养、加药处理。用适当的凋亡诱导剂诱导细胞凋亡做一个阳性对照，并设立正常培养的阴性对照。

b. 去培养液，用 PBS 洗涤细胞两次。

c. 配制标记溶液：用结合缓冲液稀释 Annexin V-EGFP 和 PI 使终浓度都为 $1\mu g/mL$。

d. 将上述溶液混匀后滴加于盖玻片表面，使长有细胞的盖玻片表面均匀覆盖。

e. 避光、室温反应 10min。

f. 在载玻片上滴一滴甘油封片液，将盖玻片倒扣，避免产生气泡，荧光显微镜观察。

2) 荧光显微镜观察

① 进入暗室后，必须严格按要求操作，依次打开电源、电脑、荧光显微镜、荧光

光源，连接相机到显微镜。

② 双击打开电脑桌面上 AxioCam 程序，选择"文件"下拉菜单中"新建文件夹"选项，在弹出的对话框中选择 Multichannel _ Timelapse 文件。

③ 在双通道选项中选择两种颜色：FITC 绿色和 Cy3 红色荧光。

④ 单击快捷菜单中的 Live 按钮，电脑上即可实时显示目镜所看到的图像。

⑤ 超高压汞灯点燃 5～15min 后，待光源发出稳定强光，眼睛完全适应暗室，就可以开始观察标本。

⑥ 分别用滤光片（FITC 和 Cy3）观察绿色和红色荧光，Annexin V-EGFP 荧光信号呈绿色，PI 荧光信号呈红色。

⑦ 用挡板挡住荧光，将样本置于载物台上，使用白光作为光源，先后用粗调和微调调节最适当的焦距。

⑧ 将白光关闭，分别让绿色和红色的不同激发荧光透过，激发样本的荧光。此时，可通过目镜观察，也可在电脑上看到图像。

⑨ 在不同的通道下，计算不同荧光的曝光时间，并拍照记录。

⑩ 观察荧光图像时，要注意形态学特征和荧光的颜色和亮度。

⑪结果判断：活细胞应该只能在白光下看到，早期凋亡细胞可见全细胞范围绿色荧光，少数有少量红色荧光在细胞中心位置附近，晚期凋亡细胞和坏死细胞应该能看到绿色荧光和较强的红色荧光。

⑫样本观察并拍照记录结束后要关闭仪器，关机顺序和开机时相反：荧光光源、显微镜、电脑、电源，最后拔掉电源插头。开机必须 30min 以上才可关机，如果需要重新启动使用，也需要在上次关机 30min 后，待高汞灯冷却至室温才能打开。

6. 注意事项

① 载玻片和盖玻片必须透明无杂质，厚度均匀。盖玻片使用前可以用 PBS 洗涤后高温高压灭菌，或用乙醇浸泡，铺细胞前在超净台内将乙醇烤干。

② 铺细胞密度不能太大。如果细胞生长过密有重叠，单个细胞就不能充分伸展，而且镜检时样本表面不能被充分激发，影响观察和判断。

③ 用甘油封片时要注意不要产生气泡，而且液体不能太多，否则会影响观察。

④ 应在暗室中进行观察，严格按照荧光显微镜使用规则进行操作。

⑤ 显微镜使用时间每次以 1～2h 为宜，90min 后超高压汞灯发光强度会逐渐下降，标本本身受光线照射后的荧光也会逐渐减弱，如 FITC 的标记物，在紫外光下照射 30s，荧光亮度就会降低 50%。所以，一次实验需要观察多个样本时可逐个观察，其余样品避光放置，调节焦距要快速，避免样本受光照时间过长。标本染色后也应立即观察，及时拍摄记录，时间过长荧光会逐渐减弱。

⑥ 荧光显微镜光源寿命有限，使用时应注意保护光源。天热时，需要及时散热，每次开机都要记录使用时间，开机时间不能少于 30min 才能关机，最长不要超过 3h。关机后超过 30min 才能再次开机使用，尽量减少启动次数。

7. 扩展

目前细胞凋亡早期检测有 PS 在细胞外膜上的检测、细胞内氧化还原状态改变的检测、细胞色素 c 的定位检测、线粒体膜电位变化的检测和形态学检测等。

细胞凋亡晚期检测主要是依据细胞凋亡晚期的标志性特征：核酸内切酶（某些 Caspase 的底物）在核小体之间剪切核 DNA，产生大量长度在 180～200bp 的 DNA 片段。具体方法有以下几种：TUNEL（原位末端转移酶标记技术，TDT assay）、PCR Ladder（PCR 检测 DNA 的梯状片段化）、Telemerase Detection（端粒酶检测）。应用 TUNEL 来检测细胞凋亡，灵敏度高、特异性强，能显示早期未发生典型变化的凋亡细胞，是检测单个细胞早期出现凋亡现象的好方法。DNA 梯状片段化可作为检测群体细胞发生凋亡的一个指标。

形态学检测目前则应用不多，在光学显微镜下，凋亡细胞的典型形态学特征是：染色质凝聚、胞质浓缩、细胞体积缩小、产生凋亡小体等。体内细胞凋亡过程发展非常迅速，常在数小时内就完成凋亡并降解。所以形态学方法不太适宜用来检测凋亡细胞。近几年，人们又发现了能更快、更敏感并能从更多方面区分凋亡和坏死的流式细胞分析技术等。

8. 思考题

① 如果用荧光显微镜观察样本的荧光强度太弱，可能是哪些原因造成的？
② 在实验中需要注意哪些，以尽可能少得避免荧光的猝灭？

参 考 文 献

倪灿荣，马大烈，戴益民. 2010. 细胞凋亡的检测技术. 北京：化学工业出版社.

Matthew K H, Jeffrey T L, Alex K, et al. 2001. DNA damage-induced cell-cycle arrest of hematopoietic cells is overridden by activation of the PI-3 kinase/Akt signaling pathway. Blood, 98 (3)：834-841.

Moll K, Ljungström J, Perlmann H, et al. 2008. SDS-Protein PAGE and Proteindetection by Silverstaining and Immunoblotting of Plasmodium falciparum proteins. 5th ed. Paris：Bio Mal Par.

Renart J, Reiser J, Stark G R. 1979. Transfer of proteins from gels to diazobenzyloxymethyl-paper and detection with antisera: a method for studying antibody specificity and antigen structure. Proceedings of the National Academy of Sciences USA, 76 (7)：3116-3120.

Sambrook J, Russell D W. 2002. 分子克隆实验指南. 3 版. 黄培堂译. 北京：科学出版社.

Shapiro A L, Viñuela E, Maizel J V. 1967. Molecular weight estimation of polypeptide chains by electrophoresis in SDS-polyacrylamide gels. Biochem Biophys Res Commun, 28 (5)：815-820.

Shapiro H M. 1988. Practial flow cytometry. 2nd ed. New York：Alan R Liss Inc, 353.

Susan E L, Mohamed E, Seamus J M. 2009. Expression, purification and use of recombinant annexin V for the detection of apoptotic cells. Nature Protocols, 4：1383-1395.

Towbin H, Staehelin T, Gordon J. 1979. Electrophoretic transfer of proteins from polyacrylamide gels to nitrocellulose sheets: procedure and some applications. Proceedings of the National Academy of Sciences USA, 76 (9): 4350-4354.

Weber K, Osborn M. 1969. The reliability of molecular weight determinations by dodecyl sulfate-poly-acrylamide gel electrophoresis. J Biol Chem, 244 (16): 4406-4412.

Xu K, Wang X, Tian C, et al. 2010. Transient expressions of doppel and its structural analog prion Delta32-121 in SH-SY5Y cells caused cytotoxicity possibly by triggering similar apoptosis pathway. Mol Bio Rep, 37 (5): 2549-2558.

附　　录

1. 氨基酸密码子表

	第二位			
	U	C	A	G
第一位	密码子 / 氨基酸	密码子 / 氨基酸	密码子 / 氨基酸	密码子 / 氨基酸	第三位

第一位	密码子	氨基酸	密码子	氨基酸	密码子	氨基酸	密码子	氨基酸	第三位
U	UUU	phe	UCU	ser	UAU	lyr	UGU	cys	U
U	UUC	phe	UCC	ser	UAC	lyr	UGC	cys	C
U	UUA	leu	UCA	ser		STOP		STOP	A
U	UUG	leu	UCG	ser		STOP	UGG	trp	G
C	CUU	leu	CCU	pro	CAU	his	CGU	arg	U
C	CUC	leu	CCC	pro	CAC	his	CGC	arg	C
C	CUA	leu	CCA	pro	CAA	gin	CGA	arg	A
C	CUG	leu	CCG	pro	CAG	gin	CGG	arg	G
A	AUU	lle	ACU	thr	AAU	asn	AGU	ser	U
A	AUC	lle	ACC	thr	AAC	asn	AGC	ser	C
A	AUA	lle	ACA	thr	AAA	lys	AGA	arg	A
A	AUG	met	ACG	thr	AAG	lys	AGG	arg	G
G	GUU	val	GCU	ala	GAU	asp	GGU	gly	U
G	GUC	val	GCC	ala	GAC	asp	GGC	gly	C
G	GUA	val	GCA	ala	GAA	glu	GGA	gly	A
G	GUG	val	GCG	ala	GAG	glu	GGG	gly	G

2. 酶切位点保护碱基表

酶	寡核苷酸序列	切割率/%	
		2h	20h
Not I	TTGCGGCCGCAA	0	0
	ATTTGCGGCCGCTTTA	10	10
	AAATATGCGGCCGCTATAAA	10	10
	ATAAGAATGCGGCCGCTAAACTAT	25	90
	AAGGAAAAAAGCGGCCGCAAAAGGAAAA	25	>90

续表

酶	寡核苷酸序列	切割率/%	
		2h	20h
Nsi I	TGCATGCATGCA	10	>90
	CCAATGCATTGGTTCTGCAGTT	>90	>90
Pac I	TTAATTAA	0	0
	GTTAATTAAC	0	25
	CCTTAATTAAGG	0	>90
Pme I	GTTTAAAC	0	0
	GGTTTAAACC	0	25
	GGGTTTAAACCC	0	50
	AGCTTTGTTTAAACGGCGCGCCGG	75	>90
Pst I	GCTGCAGC	0	0
	TGCACTGCAGTGCA	10	10
	AACTGCAGAACCAATGCATTGG	>90	>90
	AAAACTGCAGCCAATGCATTGGAA	>90	>90
	CTGCAGAACCAATGCATTGGATGCAT	0	0
Pvu I	CCGATCGG	0	0
	ATCGATCGAT	10	25
	TCGCGATCGCGA	0	10
Sac I	CGAGCTCG	10	10
Sac II	GCCGCGGC	0	0
	TCCCCGCGGGGA	50	>90
Sal I	GTCGACGTCAAAAGGCCATAGCGGCCGC		
	GCGTCGACGTCTTGGCCATAGCGGCCGCGG	0	0
	G	10	50
	ACGCGTCGACGTCGGCCATAGCGGCCGCGGAA	10	75
	GAA		
Sca I	GAGTACTC	10	25
	AAAAGTACTTTT	75	75
Sma I	CCCGGG	0	10
	CCCCGGGG	0	10
	CCCCCGGGGG	10	50
	TCCCCCGGGGGA	>90	>90
Spe I	GACTAGTC	10	>90
	GGACTAGTCC	10	>90
	CGGACTAGTCCG	0	50
	CTAGACTAGTCTAG	0	50
Sph I	GGCATGCC	0	0
	CATGCATGCATG	0	25
	ACATGCATGCATGT	10	50
Stu I	AAGGCCTT	>90	>90
	GAAGGCCTTC	>90	>90
	AAAAGGCCTTTT	>90	>90
Xba I	CTCTAGAG	0	0
	GCTCTAGAGC	>90	>90
	TGCTCTAGAGCA	75	>90
	CTAGTCTAGACTAG	75	>90

续表

酶	寡核苷酸序列	切割率/%	
		2h	20h
Xho Ⅰ	CCTCGAGG	0	0
	CCCTCGAGGG	10	25
	CCGCTCGAGCGG	10	75
Xma Ⅰ	CCCCGGGG	0	0
	CCCCCGGGGG	25	75
	CCCCCCGGGGGG	50	>90
	TCCCCCCGGGGGGA	>90	>90
Acc Ⅰ	GGTCGACC	0	0
	CGGTCGACCG	0	0
	CCGGTCGACCGG	0	0
Afl Ⅲ	CACATGTG	0	0
	CCACATGTGG	>90	>90
	CCCACATGTGGG	>90	>90
Asc Ⅰ	GGCGCGCC	>90	>90
	AGGCGCGCCT	>90	>90
	TTGGCGCGCCAA	>90	>90
Ava Ⅰ	CCCCGGGG	50	>90
	CCCCCGGGGG	>90	>90
	TCCCCCGGGGGA	>90	>90
*Bam*H Ⅰ	CGGATCCG	10	25
	CGGGATCCCG	>90	>90
	CGCGGATCCGCG	>90	>90
Bgl Ⅱ	CAGATCTG	0	0
	GAAGATCTTC	75	>90
	GGAAGATCTTCC	25	>90
*Bss*H Ⅱ	GGCGCGCC	0	0
	AGGCGCGCCT	0	0
	TTGGCGCGCCAA	50	>90
*Bst*E Ⅱ	GGGT（A/T）ACCC	0	10
*Bst*X Ⅰ	AACTGCAGAACCAATGCATTGG	0	0
	AAAACTGCAGCCAATGCATTGGAA	25	50
	CTGCAGAACCAATGCATTGGATGCAT	25	>90
Cla Ⅰ	CATCGATG	0	0
	GATCGATC	0	0
	CCATCGATGG	>90	>90
	CCCATCGATGGG	50	50
*Eco*R Ⅰ	GGAATTCC	>90	>90
	CGGAATTCCG	>90	>90
	CCGGAATTCCGG	>90	>90
Hae Ⅲ	GGGGCCCC	>90	>90
	AGCGGCCGCT	>90	>90
	TTGCGGCCGCAA	>90	>90

续表

酶	寡核苷酸序列	切割率/%	
		2h	20h
*Hind*Ⅲ	CAAGCTTG	0	0
	CCAAGCTTGG	0	0
	CCCAAGCTTGGG	10	75
*Kpn*Ⅰ	GGGTACCC	0	0
	GGGGTACCCC	>90	>90
	CGGGGTACCCCG	>90	>90
*Mlu*Ⅰ	GACGCGTC	0	0
	CGACGCGTCG	25	50
*Nco*Ⅰ	CCCATGGG	0	0
	CATGCCATGGCATG	50	75
*Nde*Ⅰ	CCATATGG	0	0
	CCCATATGGG	0	0
	CGCCATATGGCG	0	0
	GGGTTTCATATGAAACCC	0	0
	GGAATTCCATATGGAATTCC	75	>90
	GGGAATTCCATATGGAATTCCC	75	>90
*Nhe*Ⅰ	GGCTAGCC	0	0
	CGGCTAGCCG	10	25
	CTAGCTAGCTAG	10	50

3. SDS-PAGE 分离胶配方表

各种组分名称	各种凝胶体积所对应的各种组分的取样量/mL							
	5	10	15	20	25	30	40	50
6%凝胶								
H_2O	2.6	5.3	7.9	10.6	13.2	15.9	21.2	26.5
30%丙烯酰胺	1.0	2.0	3.0	4.0	5.0	6.0	8.0	10.0
1.5mol/L Tris-HCl（pH8.8）	1.3	2.5	3.8	5.0	6.3	7.5	10.0	12.5
10% SDS	0.05	0.1	0.15	0.2	0.25	0.3	0.4	0.5
10% 过硫酸铵	0.05	0.1	0.15	0.2	0.25	0.3	0.4	0.5
TEMED	0.004	0.008	0.012	0.016	0.02	0.024	0.032	0.04
8% Gel								
H_2O	2.3	4.6	6.9	9.3	11.5	13.9	18.5	23.2
30%丙烯酰胺	1.3	2.7	4.0	5.3	6.7	8.0	10.7	13.3
1.5mol/L Tris-HCl（pH8.8）	1.3	2.5	3.8	5.0	6.3	7.5	10.0	12.5
10% SDS	0.05	0.1	0.15	0.2	0.25	0.3	0.4	0.5
10% 过硫酸铵	0.05	0.1	0.15	0.2	0.25	0.3	0.4	0.5
TEMED	0.003	0.006	0.009	0.012	0.015	0.018	0.024	0.03

续表

各种组分名称	各种凝胶体积所对应的各种组分的取样量/mL							
	5	10	15	20	25	30	40	50
10% Gel								
H₂O	1.9	4.0	5.9	7.9	9.9	11.9	15.9	19.8
30%丙烯酰胺	1.7	3.3	5.0	6.7	8.3	10.0	12.0	16.7
1.5mol/L Tris-HCl (pH8.8)	1.3	2.5	3.8	5.0	6.3	7.5	10.0	12.5
10% SDS	0.05	0.1	0.15	0.2	0.25	0.3	0.4	0.5
10% 过硫酸铵	0.05	0.1	0.15	0.2	0.25	0.3	0.4	0.5
TEMED	0.002	0.004	0.006	0.008	0.01	0.012	0.016	0.02
12% Gel								
H₂O	1.6	3.3	4.9	6.6	8.2	9.9	13.2	16.5
30%丙烯酰胺	2.0	4.0	6.0	8.0	10.0	12.0	16.0	20.0
1.5mol/L Tris-HCl (pH8.8)	1.3	2.5	3.8	5.0	6.3	7.5	10.0	12.5
10% SDS	0.05	0.1	0.15	0.2	0.25	0.3	0.4	0.5
10% 过硫酸铵	0.05	0.1	0.15	0.2	0.25	0.3	0.4	0.5
TEMED	0.002	0.004	0.006	0.008	0.01	0.012	0.016	0.02
15% Gel								
H₂O	1.1	2.3	3.4	4.6	5.7	6.9	9.2	11.5
30%丙烯酰胺	2.5	5.0	7.5	10.0	12.5	15.0	20.0	25.0
1.5mol/L Tris-HCl (pH8.8)	1.3	2.5	3.8	5.0	6.3	7.5	10.0	12.5
10% SDS	0.05	0.1	0.15	0.2	0.25	0.3	0.4	0.5
10% 过硫酸铵	0.05	0.1	0.15	0.2	0.25	0.3	0.4	0.5
TEMED	0.002	0.004	0.006	0.008	0.01	0.012	0.016	0.02

4. SDS-PAGE 浓缩胶配方表

各种组分名称	各种凝胶体积所对应的各种组分的取样量/mL							
	1	2	3	4	5	6	8	10
H₂O	0.68	1.4	2.1	2.7	3.4	4.1	5.5	6.8
30%丙烯酰胺	0.17	0.33	0.5	0.67	0.83	1.0	1.3	1.7
1.5mol/L Tris-HCl (pH8.8)	0.13	0.25	0.38	0.5	0.63	0.75	1.0	1.25
10% SDS	0.01	0.02	0.03	0.04	0.05	0.06	0.08	0.1
10% 过硫酸铵	0.01	0.02	0.03	0.04	0.05	0.06	0.08	0.1
TEMED	0.001	0.002	0.003	0.004	0.005	0.006	0.008	0.01

5. 网络资源

1）资源

　　NCBI（美国国立生物技术信息中心）http：//www. ncbi. nlm. nih. gov/
　　Google 学术 http：//scholar. google. com/
　　CNKI 中国知网 http：//www. cnki. net/
　　万方数据 http：//www. wanfangdata. com. cn/
　　维普资讯 http：//vip. fjinfo. gov. cn/index. asp

2）论坛

　　丁香园 http：//www. dxy. cn/
　　生物秀 http：//bbs. bbioo. com/
　　小木虫 http：//emuch. net/bbs/